巧手妈妈爱缝纫

0~2岁超可爱宝贝服

（日）冈田桂子 著

于水秀 译

Hello,
my Baby!

河南科学技术出版社
·郑州·

妈妈最爱的
就是宝贝儿开心的笑……

目录

Hello everyday, my Sweet !

yum yum

给腹中宝宝的礼物

单人用和双人用
母子手册袋

装母子手册和各种卡片，
学龄前使用。
双人用系双胞胎或第二个孩子出生时使用。

做法：单人用P34，双人用P42

粉红色款为单人用，
绿色款正中带有卡片袋的为双人用，
尺寸因人而异，
可准备 S、M、L 三种尺码。

可参考
P40

可参考
P40

补充

宝宝一出生便能收到的母子手
册袋。刚生下宝宝时，难以相
信自己竟成为妈妈。用喜欢的
贴心布料缝制母子手册袋，也
为成为妈妈做好心理准备。

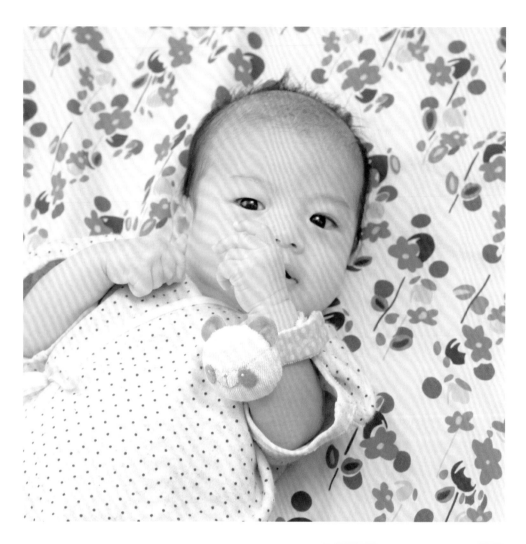

宝宝贴身衣物

宝宝腕垫
和小象握握

将腕垫系在尚不会玩玩具的宝宝的手腕处,
它会随着手的活动发出悦耳的声音。
小象握握内装有按铃。

做法：小象握握 P74，宝宝腕垫 P75

短上衣与合指手套

宝宝出生后穿的小衣服，
由清爽的素色棉纱和柔软的波点针织布料做成。
为避免宝宝抓破脸，还需缝制合指手套。

可参考
P40

做法：P36

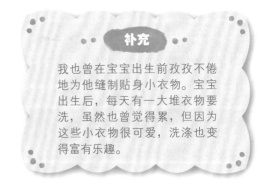

补充

我也曾在宝宝出生前孜孜不倦
地为他缝制贴身小衣物。宝宝
出生后，每天有一大堆衣物要
洗，虽然也曾觉得累，但因为
这些小衣物很可爱，洗涤也变
得富有乐趣。

方巾和拉伸娃娃

方巾四周缀满宝宝爱玩的标牌，既实用又能当玩具。

拉伸娃娃的四肢装有松紧带，用手拉便会伸长。1~2岁时，宝宝的手能够自由活动，对周围的一切充满好奇，这款玩具非常适合。

做法：拉伸娃娃 P51，方巾 P78

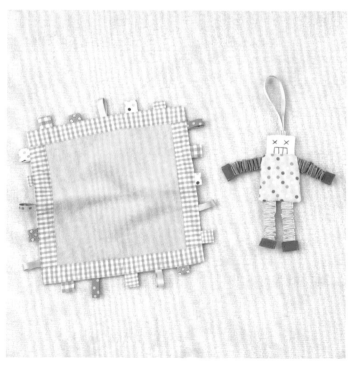

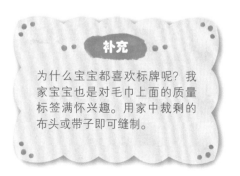

补充

为什么宝宝都喜欢标牌呢？我家宝宝也是对毛巾上面的质量标签满怀兴趣。用家中裁剩的布头或带子即可缝制。

肚衣连身装

宝宝蹒跚学步时，穿长度齐腿的肚衣连身装更方便。
它能代替长衣，夏天只穿一件即可。

做法：P44

可参考
P40

围嘴

选棉纱、针织或棉布质地的布料缝制，
形状为圆形或角形皆可；
依布料缝制男款或女款，
如果反面也用了所喜欢的布料，可做正反两用。

做法：P46、P47

印花围嘴

直接将四边形的布料对折车缝即可，手缝也非常简单。
这是一款非常漂亮的围嘴。从宝宝会坐的时候开始用，会站的时候也可做服饰搭配使用。

做法：P79

睡裙盖着小宝宝的脚丫

睡裙

正面用双层棉纱拼缝可爱的睡裙。
因为前后用按扣固定，宝宝睡着的
时候也很舒适。
冬天的睡裙可用羊毛呢做。

做法：P48

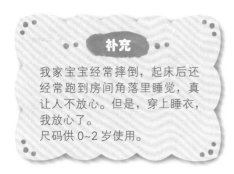

补充

我家宝宝经常摔倒，起床后还
经常跑到房间角落里睡觉，真
让人不放心。但是，穿上睡衣，
我放心了。
尺码供 0~2 岁使用。

随着宝宝长高，脚开始露在睡裙外面。
加上按扣，即使宝宝变得多动，睡裙也不会被蹬掉。

护肚围兜

冬天防寒、夏天防凉用的护肚围兜。
和睡裙一样，正面用双层棉纱，
反面用柔软的绒面针织布。

做法：P48

遮阳鸭舌帽和花边帽

鸭舌帽帽顶不用拼接，将一块布折出褶即可缝成，做起来比较简单。
花边帽由六块布拼接而成，缀上蝴蝶结缎带可以调节帽围大小。

做法：遮阳鸭舌帽 P52，花边帽 P54

用扣子将鸭舌帽后面的遮阳布扣在帽边上即可。
根据季节，遮阳布可用可去。

奶瓶袋

方便携带奶瓶用的绗缝袋。
提手用子母扣连接，可以去掉，也可以挂在手提包或
婴儿车上面。
240ml 的奶瓶和 500ml 的塑料瓶皆可放入。

做法：P60

宝宝杯袋

宝宝断奶后装大号杯子用的包包。
可装可去的皮提手。
包包里如果装上保鲜装置，茶、饮料等都能保鲜携带。

做法：P62

可参考
P40

尿布袋

将外出时不可缺少的尿布漂漂亮亮地带出去。
打开包包，里面两边缝有两个大口袋，每个
口袋可装三四片尿布。

做法：P56

可参考
P40

便携卫生纸袋

出门时装卫生纸用的小袋子。可以和尿布袋一起缝制。
建议用不容易弄脏的乙烯基酯树脂涂层布缝制。

做法：P58

可参考
P40

泡泡灯笼裤

蓬蓬的荷叶边是灯笼裤的关键。
还不到穿裙子的年龄，若想穿女孩系衣服，
这个非常合适。
爬来爬去的时候，小屁股一翘一翘地
非常招人喜欢。

做法：P68

补充

若觉得缝制褶边很难，可购买缝制好的褶边。荷叶边以及主体部分用白色底的话，改成衬裙也很可爱。

短裤

臀围宽松，裤口适中。
短裤行动方便，适合还裹着尿布的宝宝。
布的花样不同，带给人的感觉也不同。多
做几件看看。

做法：P70

暖腿套

通过抽褶和拼接等方法，可缝制出不同款
式的暖腿套。
防寒的功用自不必说，亦可在宝宝爬行时
保护膝盖。

做法：P66

24

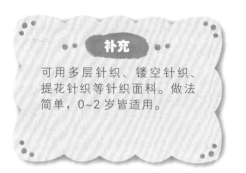

外出服

男式外出服领口处缝有领带，女式的镶有
花边袖。
这是犹如款式新颖的洋装的外出服。
后面用魔术粘，可扣可解。

做法：P64

补充

购物或回乡探亲时，可以
美美地穿上它。运用全内
衬缝制的方法，穿起来更
加舒适。

发带

可爱的发带。给头发稀疏的宝宝佩戴，
别人一眼就能明白她是女孩。

做法：P76

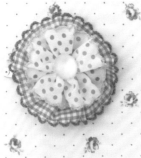

发卡

头发稍长的时候，戴上发卡非常可爱。
试着做各种发卡吧。

做法：P76

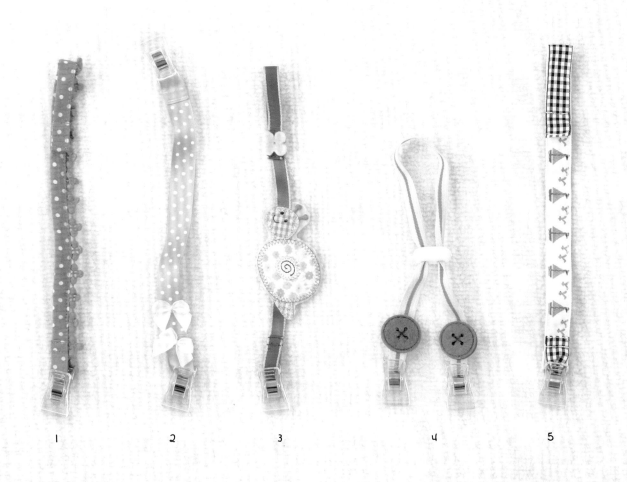

1   2   3   4   5

多功能带子

用来固定帽子和奶嘴等不想让其
落地的东西，末端缀有夹子。
手工缝制亦非常简便。
图 4 所示的多功能带子因带有制
动塞，可以调节长短。

做法：P77

图 2、4 双端夹子
图 2 将帽子连在衣服
上可防止帽子脱落，
图 4 夹在毛巾两端可
做围嘴使用。

图 1、3、5 单端夹子
一次使用两个，可以将毛毯固定
在婴儿车上，也可以把奶嘴或玩
具等固定在衣服上。

29

罩衣

从开始断奶到 2 岁左右正常吃饭，此阶段使
用的罩衣。
用尼龙布料缝制，弄脏的话很容易清洗。
罩衣下摆上的衣兜方便接住宝宝吃漏的东西。

做法：P72

可用同一面料缝个小布袋，
外出吃饭时折叠携带。

可参考
P40

缝制前应知晓的事项

● 适合宝宝的面料 ●

根据缝制物品区别使用。

双层棉纱

将两块棉纱合在一起，亲肤、吸汗，适合贴身衣物或围嘴。

纯棉

100% 全棉的布料。因为易缝制，有无经验皆可。用于各种服饰的缝制。

亚麻布

以亚麻为原材料。也有和棉混纺的棉麻布。

绒毛面料

卷绒织成的手感好、吸水、保暖的布料。

光面布　　皱面布　　天竺棉布　　多层针织布

针织布

富有弹性,宝宝各种服饰均适用。根据编织方法分为不同种类,初学者可尝试光面布、皱面布、天竺棉布（竹节布）、多层针织布。弹性小、偏厚的布料较好用。

过水

为了使歪斜的布纹变得平整,预防缩水、起皱,在裁剪布料前应先将其过水。

过水方法

将布料浸泡在水中 1 小时,轻拧,晾到半干,沿着布料的纹路用熨斗将其熨平。
（如果是针织布，将其平摊着阴干，注意不要拉扯，用蒸汽熨斗将布熨平。）

● 宝宝服饰常用的便利饰品 ●

宝宝用

亲肤面料

1. 按扣带

按扣带上缀有适合宝宝服装的塑料按扣。很容易缝制。

2. 柔软魔术粘

接触宝宝皮肤无不适感。

做玩具用

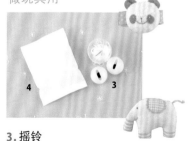

3. 摇铃

放在腕垫或拨浪鼓里面的音质柔和的塑料小铃铛。

4. 按铃

一经按压就响的按铃，装在小象握里面。

摇铃大号 25mm，小号 18mm；按铃要小且防水。

可用文具用品代替

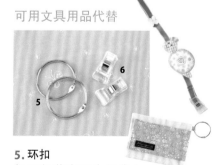

5. 环扣

把环扣装在卫生纸袋上,可以将其连在包包上。

6. 夹子

给多功能带子缀上塑料夹子。

● 纸样的用法和布料的裁剪 ●

用描图纸等透明的纸临摹实物大小的纸样。
（没有实物等大纸样的话，参照裁剪方法图的尺寸直接在布上引线裁剪）

纸样的做法

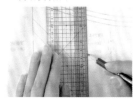

①在实物大小的纸样上覆上牛皮纸，辅以规尺临摹。（记号也一并临摹。）

②按照裁剪方法图上缝份的尺寸，与①所画的线相平行画一条线即可。

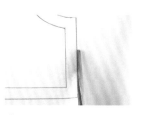

③沿缝份线裁剪，完成纸样。

布料的裁剪

参照裁剪方法图把纸样放在布上，用珠针固定，从布边开始裁剪。

● 贴衬的方法 ●

如果裁剪方法图上说要贴衬，就参照下面方法来做。在冷却之前保持熨斗不动是关键。

黏合衬

在黏合衬带胶的一面铺一块垫布，用熨斗中温熨烫贴衬。

加厚棉绒衬

含棉的绒衬放在衬布带胶的一面，沿布边用熨斗中温熨烫贴衬。

● 滚边条的制作方法 ●

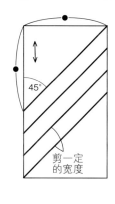

45°

剪一定的宽度

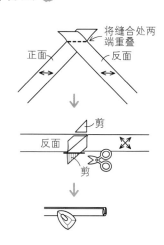

将缝合处两端重叠

正面　反面

反面　剪

剪

● 手缝基础 ●

宝宝服很小，手缝起来很简单，请尝试着缝制。

始缝和止缝

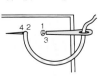

开始时，打结，缝一针，为了加固针脚从入针处回一针。

结束时，为了加固针脚回一针，在前针位置再缝一次，打结。回针后打结的话会显得平整。

平针缝

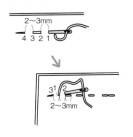

2~3mm

2~3mm

手缝针在布料正面、背面等距离前进，是最基本的缝法。隔3cm左右回缝一针可加固针脚。

缲缝

反面

正面

边绕线边缝，正面线迹少。

コ形包边缝

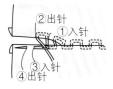

②出针
①入针
③入针
④出针

折山处针迹成コ形。此缝法常用于缝合返口。

单人用母子手册袋的做法

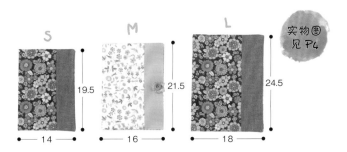

S   M   L

19.5   21.5   24.5

14   16   18

实物图
见 P4

● 裁剪方法图 参照 P43

● 成品尺寸（左起 S、M、L）
14cmx19.5cm、16cmx21.5cm、
18cmx24.5cm

● 材料
上等棉布·利伯蒂印花布
110cmx30cm
彩色亚麻布 50cmx30cm
色织平纹格子布 70cmx30cm
宽 0.5cm 松紧带 8cm
直径 2cm 纽扣 1 颗
黏合衬（有弹性）55cmx30cm

由于手册袋尺寸因人而异，需缝制 S、M、L 三种尺码。
在此，以 M 尺码为例。

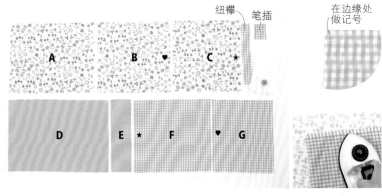

纽襻　笔插

在边缘处
做记号

A　　B ♥　　C ★

D　　E ★　F　　G ♥

黏合衬贴衬方法
参照 P33

准备　参照 P43 的裁剪方法图进行裁剪，用粉土笔画
下记号（在拼缝处画上 ♥、★ 的话十分方便）。
裁剪方法图上提到贴黏合衬的话，贴在反面。（因
为表布很薄，为了避免弄皱采用有弹性的黏合
衬。）

1. 缝表布

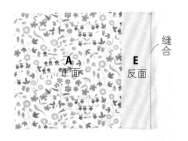

A 正面　　E 反面

缝合

1. 将 A 和 E 正面相对缝合，缝
份展开。（在这里，为了针脚
易辨使用红线。）

2. 缝口袋

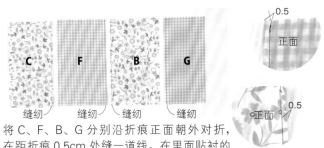

C　　F　　B　　G

缝纫　缝纫　缝纫　缝纫

0.5

正面

正面　0.5

2. 将 C、F、B、G 分别沿折痕正面朝外对折，
在距折痕 0.5cm 处缝一道线。在里面贴衬的
地方缝线以加固。

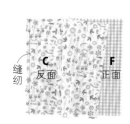

缝纫

C 反面　　F 正面

3. 打开 F 和 C，对齐 ★，正
面相对缝合。B 和 G 亦对
齐 ♥，以同样方法缝合。

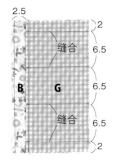

2.5

缝合

B G

缝合

2

6.5

6.5

6.5

2

● 卡片袋针脚位置

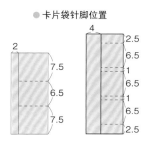

2

7.5

6.5

7.5

S 码

4

2.5

6.5

1

6.5

1

6.5

2.5

L 码

4. 缝卡片袋。注意卡片袋的尺寸因手袋大小而异。

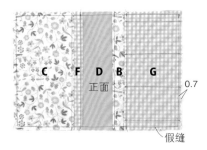

C F D B G
正面

0.7

假缝

5. 里布（D）与口袋布重叠，缝份处假缝。

3. 纽襻和笔插的做法

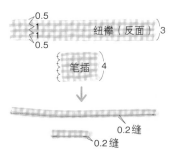

0.5
1
1
0.5

纽襻（反面） 3

笔插 4

0.2缝

0.2缝

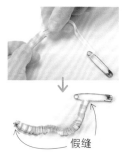

假缝

6. 纽襻布上下两侧各向里折0.5cm，然后对折缝一道线（缝份0.2cm）。笔插折成四层缝一道线（缝份0.2cm）。

7. 给纽襻穿上橡皮筋，两端假缝（橡皮筋两端穿上小别针，方便穿进去）。

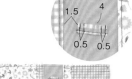

1.5 4

0.5 0.5

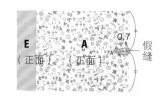

E
（正面）

A
（正面）

0.7

假缝

8. 笔插布左右两端各向里折0.5cm，用双明线将其缝在手册袋上。

9. 纽襻假缝在缝份上。

4. 缝制表布和里布

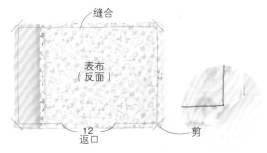

缝合

表布
（反面）

12
返口

剪

10. 将表布和里布正面相对缝合，中间留返口。四角缝份处斜剪。

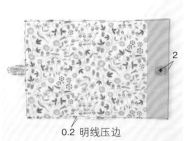

2

0.2 明线压边

11. 从返口翻到正面，周围明线缝合，缀上纽扣（注意不要缝住口袋，只挑起表布缝合）。

要点

在翻到正面之前，用熨斗将缝份熨平，这样翻到正面时边角会很平整。

成品

短上衣与合指手套的做法

棉纱面料可手缝。
针织面料剪好布边即可，很快就能缝好。

● **裁剪方法图** 参考 P79
实物大小的纸样
短上衣（棉纱、针织面料缝法一致）
A 面【2】<1- 前片、2- 后片 >
合指手套 B 面【15】<1- 主体 >

● **成品尺寸**（左起 50~60cm/70cm）
衣长 33cm/35cm
合指手套宽 7.5cm、长 9cm

● **材料**（左起 50~60cm/70cm）
< 棉纱短上衣 >
有机双层棉纱 100cmx40cm/110cmx45cm
宽 1cm 的花边 25cm
< 针织短上衣 >
光面针织布 100cmx40cm/110cmx45cm
< 棉纱、针织一致 >
床单布（即平纹布，常用于制作床单）
40cmx40cm
宽 0.7cm、长 22cm 的带子 4 条
< 合指手套 >
针织布 40cmx15cm
25 号绣线 3 根
宽 0.3cm 的松紧带 10cm 2 条

棉纱短上衣的做法

这里，使用正反面区别明显的布料和针脚显眼的红线演示。

1. 肩部采用外包缝

缝合　后片（反面）　1.5　缝合
前片（正面）

剪一半
后片（正面）

后片（正面）

1. 将前片和后片正面朝外拼在一起，缝肩部。

2. 将后片缝份剪去一半（注意不要剪去前片缝份）。

外包缝

布边包在缝份里会显得整洁漂亮，也使布边更结实。因为是向外包缝，缝份没有接触到皮肤，适合小宝宝穿。

后片（正面）
缝合

前片（正面）

后片（正面）　前片（正面）

后片（正面）　后片（正面）

3. 用前片缝份包住后片缝份，然后倒向后片的布料上，沿着边缘缝一道线。

2. 缝侧边

缲缝

4. 将衣带末端折成三层，缲缝。

后片（正面）

假缝

后片（正面）

假缝

前片（反面）

5. 前片和后片正面相对合拢，将衣带在前、后片剪口处假缝，对着的右侧夹在前、后片之间假缝。

后片（正面）

剪牙口

0.5

缝合

前片（反面）

6. 左右两侧分别从袖口下方至下摆处缝合。弧度大的地方剪牙口。

后片（正面）

0.7

缝合

前片（正面）

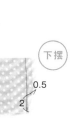

2
0.5
袖口

下摆

0.5
2

7. 翻到正面，从袖口下方到衣襟下摆缝一道线。袖口和下摆处的缝份剪掉。

3. 缝袖口和下摆

缝合

前片（正面）

缝合

前、后片（正面）

前、后片（反面）

8. 袖口下方和侧边的缝份向后倒，袖口和下摆的缝份向正面以 1cm 的宽度折成三层，缝合。（袖口机缝时，从里面筒缝锁边。不便机缝时，平针手缝亦可。）

4. 滚边

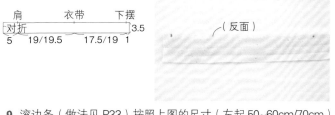

肩	衣带	下摆
对折		3.5
5 19/19.5	17.5/19	1

（反面）

9. 滚边条（做法见 P33）按照上图的尺寸（左起 50~60cm/70cm）标上记号，折成四层用熨斗熨出明显折痕（先将两侧边折向中线，再沿中线对折一次）。

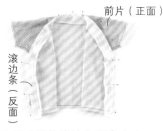

前片（正面）

滚边条（反面）

10. 用珠针将滚边条固定在衣边上。珠针位置要与先前的标记位置保持一致。（双层棉纱容易拉伸，珠针务必与标记一致。）

缝合

剪

11. 缝滚边条与衣襟，将衣襟末端处贴边的缝份如右侧图片所示斜剪。

假缝

假缝

12. 将花边和衣带假缝。（花边在距肩 6cm 范围以内假缝。）

6 假缝 6

要点 起缝不便时，垫一张硬纸即可。

滚边条（反面）
下摆末端
前片（正面）

13. 用滚边条包住缝份。

前片（正面）
缝合

14. 滚边条从内侧按箭头的方向包缝。

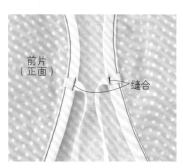

前片（正面）
缝合

15. 将衣带缝在滚边条上。

成品

缝滚边条的时候，如果之前缝的针脚露在外面的话，将其拆掉即可。

合指手套的做法

这里，为了使针脚显眼，用红线演示。
实际缝制针织品的时候，请使用相同颜色的线。

1
缝合
（反面）
（反面）
2.5

1. 用熨斗在距手套口 2.5cm 处熨出折痕，展开，正面朝内缝一道线。

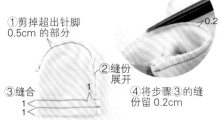

①剪掉超出针脚0.5cm 的部分
②缝份展开
③缝合
④将步骤③的缝份留 0.2cm
0.2
1
1
1

2. 缝份留 0.5cm，缝份展开，在步骤1 折痕1cm 处缝合，向上同样距离再缝一道线。（上面留1cm 的松紧带穿入口。）

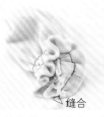

缝合

3. 从松紧带入口处穿入松紧带，松紧带末端 1cm 左右处重叠，缝合。

成品

锁边绣
（参照 P41）

针织短上衣的做法

这里，用素色布料和红线演示。
实际缝制针织面料衣物时，请使用针织布专用的针和线。

1. 缝肩部

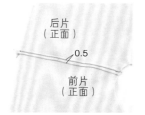

1. 前片和后片正面朝外缝合（若针织布起皱，用熨斗熨平即可）。

2. 将肩部的缝份倒向后片，缝一道线。

3. 缝份留 0.2cm（参照 P38 合指手套的做法）。

4. 肩部缝后的样子。

2. 缝侧边

要点

一定要从衣襟下摆开始缝。缝至袖口下方时，如图所示。

5. 侧边正面朝外对齐，缝合。在左侧做剪口记号的地方夹上衣带（参照 P36、37 的 4、5 两步）

6. 缝份倒向后片，从衣襟下摆到袖口下方缝一道线（缝左侧的时候，要注意不要缝住衣带）。缝份宽度和肩部保持一致。

3. 缝袖口和下摆

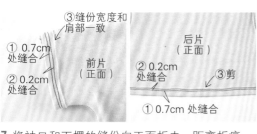

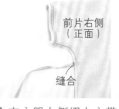
要点

下摆等部位缝合长度很长的时候，易出现起皱情况，用熨斗熨平即可。

7. 将袖口和下摆的缝份向正面折去，距离折痕 0.7cm 处缝一道线，向外 0.2cm 处再缝一道线。缝份保持和肩部等宽。

8. 在衣服右侧缀上衣带，再向左侧牵引缝一道线固定。

4. 滚边方法和棉纱面料一致。
（参照 P37 的 "4. 滚边"）

成品

宝宝服饰缝制小窍门

下面介绍本书所收的服饰的缝制要点。
这是从母亲的角度想到的实用小诀窍。

双人用母子手册袋

在手册袋左右两侧的袋子里装入母子手册，中间装卡处有分区，可以将卡分类装入不同的卡区，如此就不会混淆两个宝宝的东西。

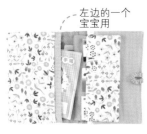

左边的一个宝宝用

右边的另一个宝宝用

短上衣和肚衣连身装

为使缝份不直接接触到宝宝稚嫩、敏感的皮肤，应将袖口、肩部、侧边以及下摆等处的缝份缝在衣物正面。

袖口

下摆和侧边

宝宝杯袋

将保鲜装置用双面胶粘成筒状，再放到杯袋里即可。

如果保鲜装置脏了的话，换一个就可以了。

因为只是简单地将保鲜装置放到杯袋里，二者没有缝在一起，洗杯袋的时候取出保鲜装置即可。

尿布袋

因为两边缝有很大的口袋，尿布、卫生纸、塑料袋等婴儿排泄用品都可放进去。

另一边缝有内口袋，里面可放塑料袋。

一边装入 S、M、L 三种尺码的尿布。（口袋要能够装下大包的卫生纸。）

便携卫生纸袋

过了垫尿布的年龄后，用来装湿巾也很方便。

打开缀有魔术粘的盖子，卫生纸即可取出。

罩衣

下襟向上折叠就成了口袋，可以接住宝宝吃漏的食物。

衣服背面从此处向上折叠。

衣服正面形成口袋。

How to make

缝制方法

关于纸样

参照P33纸样的用法，用描图纸等透明的纸临摹纸样。（如果有实物大小的纸样，请在裁剪方法页确认。）

实物大小的纸样没有缝份部分，缝份请参照裁剪方法图留出。

直线的物件没有实物大小的纸样。请参照裁剪方法图的尺寸，直接在布料上引线缝制。

没有特定说明的话，图示尺寸皆以厘米（cm）为单位。

尺寸表

尺寸	50～60cm	70cm	80cm	90cm
帽子尺寸		46cm	48cm	50cm
相应年龄	0～3个月	3～9个月	10～18个月	2岁
身高	50～60cm	60～70cm	70～80cm	80～90cm

本书所用针法

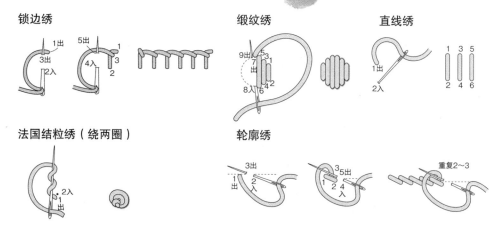

锁边绣

缎纹绣

直线绣

法国结粒绣（绕两圈）

轮廓绣

双人用母子手册袋

实物图见P4

成品尺寸（左起S、M、L）
14cm×19.5cm、16cm×21.5cm、
18cm×24.5cm

材料（左起S、M、L）
上等棉布·利伯蒂印花布
110cm×30cm
彩色亚麻布 80cm×30cm
彩色格子棉布 80cm×30cm
黏合衬 90cm×30cm
宽0.5cm的松紧带 8cm
直径2cm的纽扣 1颗

【**缝法**】

1.缝表布

2.缝口袋
※注意里布（I）和口袋重叠

（1、2两步参照P34单人用母子
手册袋的做法）

【裁剪方法图】

● 利伯蒂印花布
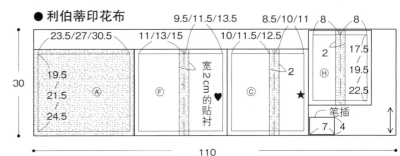

● 彩色亚麻布
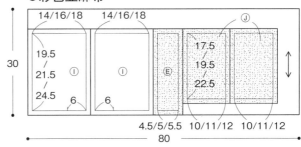

※图中数字从上
到下、从左到右
分别为S、M、L
三种尺码
※□此处里面
贴黏合衬
※缝份留1cm，
笔插、纽襻、黏
合衬不留缝份

● 彩色格子棉布
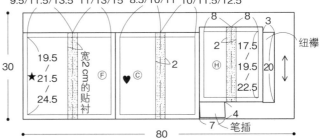

● 黏合衬
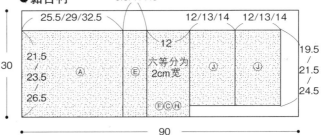

3.缝制卡片袋

①正面朝外对折，
距折痕 0.5cm 处
缝一道线

③把 H 放在 J 上缝合

里布①彩色亚麻布

②假缝

※做2个

42

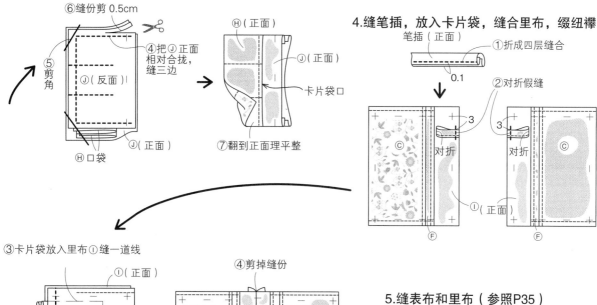

⑥缝份剪 0.5cm
✂
④把 J 正面相对合拢,缝三边
⑤剪角
J (反面)
H 口袋
J (正面)
H (正面)
J (正面)
卡片袋口
⑦翻到正面理平整

4.缝笔插,放入卡片袋,缝合里布,缀纽襻
笔插(正面)
①折成四层缝合
0.1
②对折假缝
对折
对折
C
C
I (正面)
F
F

③卡片袋放入里布①缝一道线

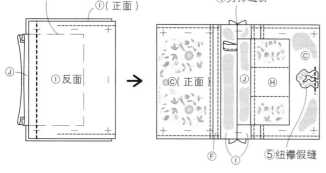

I (正面)
I (反面)
J
④剪掉缝份
C (正面)
J
H
F
I
⑤纽襻假缝

5.缝表布和里布(参照P35)

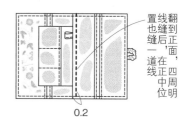

置线翻也缝到缝后正一面,'道在,线正四中周位明

0.2

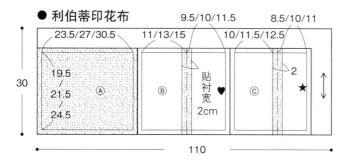

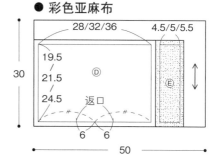

单人用母子手册袋的裁剪方法图

※图中数字从上到下、从左到右分别为S、M、L三种尺码
※ ▦ 此处里面贴黏合衬
※缝份留1cm。笔插、纽襻、黏合衬不留缝份

【裁剪方法图】

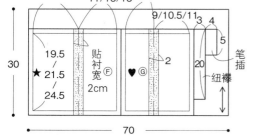

● 利伯蒂印花布
23.5/27/30.5
9.5/10/11.5
11/13/15
10/11.5/12.5
8.5/10/11
30
19.5
21.5
24.5
Ⓐ
Ⓑ
贴衬宽2cm
♥
Ⓒ
★
2
110

● 色织平纹格子布
9.5/11.5/13.5
11/13/15
7.5/7.5/7.5
9/10.5/11
3 4
30
19.5
★ 21.5
24.5
贴衬宽2cm Ⓕ
♥ Ⓖ
2
5
20
笔插
纽襻
70

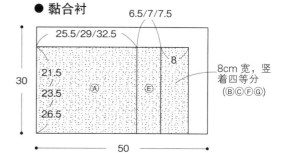

● 彩色亚麻布
28/32/36
4.5/5/5.5
30
19.5
21.5
24.5
Ⓓ
返口
Ⓔ
6 6
50

● 黏合衬
25.5/29/32.5
6.5/7/7.5
30
21.5
23.5
26.5
Ⓐ
8
Ⓔ
8cm 宽,竖着四等分(ⒷⒸⒻⒼ)
50

43

肚衣连身装

实物图见P9

实物大小的纸样 B面【9】

<1–前片、2–后片>

成品尺寸（左起50~60cm/70cm/80cm）
胸围 52cm/56cm/60cm
衣长 45.5cm/47.5cm/51cm

材料
<女式>
光面布 长110cm，宽70cm/75cm/80cm
绒面棉布 50cm×45cm
宽0.7cm的棉纺带子22cm 2条
按扣 3对
1.5cm宽的魔术粘8cm
宽1cm的缎带18cm
<男式>
色织天竺棉卡长 110cm，宽70cm/75cm/80cm
绒面棉布 50cm×45cm
宽0.7cm的棉纺带子22cm 2条
按扣 3对
宽1.5cm的魔术粘8cm
植物纤维印花布1块

【裁剪方法图】

● 针织质地

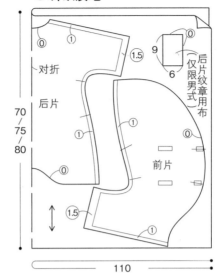

※○中的数字表示缝份尺寸
纹章用布和滚边条不留缝份
※图中数字从上到下、从左到右
分别为S、M、L三种尺码

● 绒面棉布

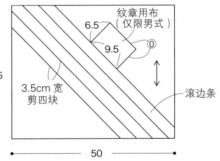

※四条滚边条拼接在一起（滚边条的拼接法见P33），
长177/185/196

【缝法】

1.缝肩部

2.缝两侧

3.缝袖口

（1~3步参照P39针织短上衣做法）

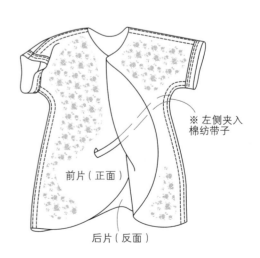

4.给滚边条画上记号，绕成环状

①将滚边条对折，画上记号

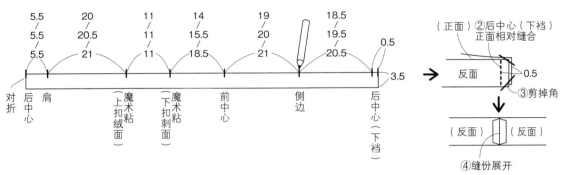

5.5	20	11	14	19	18.5	
5.5	20.5	11	15.5	20	19.5	0.5
5.5	21	11	18.5	21	20.5	3.5

对折　后中心　肩　魔术粘（上扣绒面）　魔术粘（下扣刺面）　前中心　侧边　后中心（下裆）

（正面）②后中心（下裆）正面相对缝合
反面　0.5　③剪掉角
（反面）（反面）
④缝份展开

5.用滚边条滚边

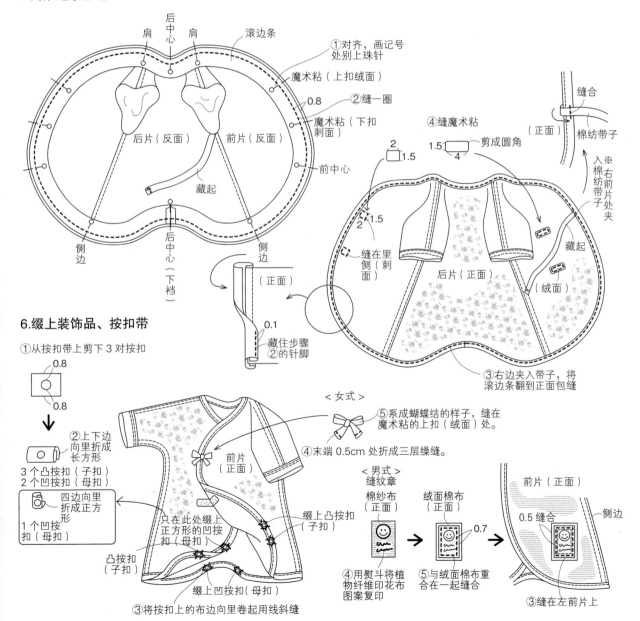

肩　后中心　肩　滚边条

①对齐，画记号处别上珠针
魔术粘（上扣绒面）
0.8
②缝一圈
魔术粘（下扣刺面）
后片（反面）　前片（反面）
前中心
藏起
侧边　后中心（下裆）　侧边

（正面）
0.1　藏住步骤②的针脚

④缝魔术粘
2　1.5
1.5　4　剪成圆角
2　1.5
缝在里侧（刺面）
后片（正面）
藏起
（绒面）

缝合
（正面）　棉纺带子
※右前片处夹入棉纺带子

③右边夹入带子，将滚边条翻到正面包缝

6.缀上装饰品、按扣带

①从按扣带上剪下 3 对按扣
0.8
0.8
②上下边向里折成长方形
3 个凸按扣（子扣）
2 个凹按扣（母扣）
四边向里折成正方形
1 个凹按扣（母扣）

只在此处缀上正方形的凹按扣（母扣）
前片（正面）
缀上凸按扣（子扣）
凸按扣（子扣）
缀上凹按扣（母扣）
③将按扣上的布边向里卷起用线斜缝

<女式>
⑤系成蝴蝶结的样子，缝在魔术粘的上扣（绒面）处。
④末端 0.5cm 处折成三层缲缝。

<男式>缝纹章
棉纱布（正面）
绒面棉布（正面）
④用熨斗将植物纤维印花布图案复印
0.7
⑤与绒面棉布重合在一起缝合

前片（正面）
0.5 缝合
侧边
⑥缝在左前片上

45

围嘴（圆形）

实物图见P10

实物大小的纸样 B面【12】
<1–主布>

成品尺寸
19cmx26.5cm

材料
<粉色>
双层棉纱 25cmx30cm
密织平纹彩色格子布（里布）25cmx30cm
宽2.5cm的花边15cm
适量的装饰用布料（花样、格纹、波点花纹）
<绿色或黄色>
棉印花布 25cmx30cm
双层棉纱（里布）25cmx30cm
宽1cm的缎带17cm
<通用>
宽2.5cm的魔术粘 2cm
黏合衬 25cmx30cm

【裁剪方法图】<圆形、角形围嘴通用>

● 双层棉纱/棉纱印花布（表布）

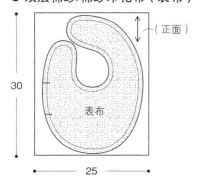

30

（正面）

表布

25

● 方格花布/双层棉纱（里布）

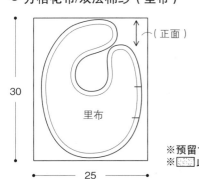

30

（正面）

里布

25

※预留1cm左右缝份
※ 此处里面贴黏合衬

【做法】
<粉色>

1.给表布缝上装饰用布料和花边

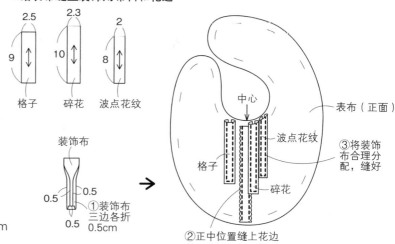

2.5 2.3 2
9 10 8
格子 碎花 波点花纹

装饰布
0.5 0.5
0.5
①装饰布三边各折0.5cm

中心
表布（正面）
波点花纹
格子
碎花
③将装饰布合理分配，缝好
②正中位置缝上花边

2.表布和里布正面相对缝合，缝上魔术粘

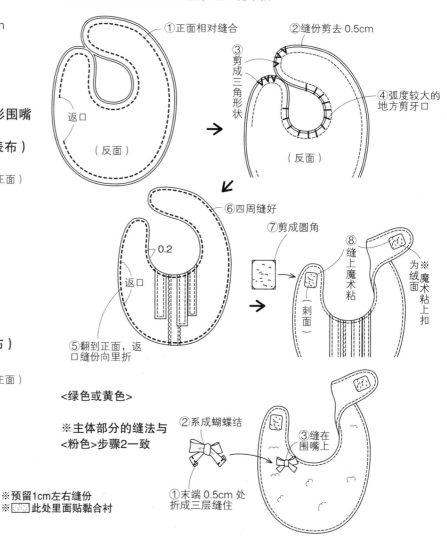

①正面相对缝合
②缝份剪去0.5cm
③剪成三角形状
④弧度较大的地方剪牙口
返口
（反面）
（反面）

0.2
⑥四周缝好
⑦剪成圆角
⑧缝上魔术粘
返口
（刺面）
※为绒面
※魔术粘上扣
⑤翻到正面，返口缝份向里折

<绿色或黄色>

※主体部分的缝法与<粉色>步骤2一致

②系成蝴蝶结
③缝在围嘴上
①末端0.5cm处折成三层缝住

围嘴（角形）

实物图见P10

实物大小的纸样 B面【11】
<1–主布、2–拼接布A、3–拼接布B>

成品尺寸
19cm×26.5cm

材料
<波点花纹>
棉麻混纺斜纹劳动布·素色 10cm×25cm
双层棉纱·波点花纹 20cm×30cm
双层棉纱·方格花纹 10cm×15cm
棉麻混纺条纹布（里布） 25cm×30cm
宽0.7cm波纹布 15cm
<安卡>
光面针织布 25cm×30cm
棉条纹布（里布） 25cm×30cm
棉质的装饰布 5.5cm×5.5cm
4cm×3cm的标签1个
<蓝色印花布>
绒面印花布 25cm×30cm
双层棉纱（里布） 25cm×30cm
棉麻质地的装饰布 5.5cm×5.5cm
<通用>
宽2.5cm魔术粘 2cm
黏合衬 30cm×30cm

【做法】

<波点花纹>
1.缝合主布

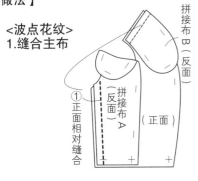

<安卡和蓝色印花布>
1.给围嘴主布缝上装饰用布

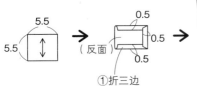
①折三边

① 5.5 5.5
② 0.5 0.5 0.5（反面）

【裁剪方法图】

<波点花纹>（表布）

●棉麻混纺斜纹劳动布　●双层棉纱·波点花纹　●双层棉纱·方格花纹

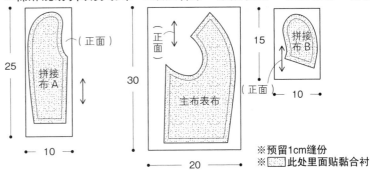

25　（正面）拼接布A　10

30　主布表布（正面）　20

15　拼接布B（正面）　10

※预留1cm缝份
※□□□ 此处里面贴黏合衬

<安卡/蓝色印花布>

●光面针织布/绒面棉布（表布）

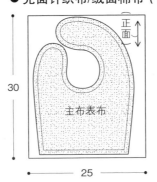

30　主布表布　25　（正面）

<波点花纹/安卡/蓝色印花布>

●棉麻/棉/双层棉纱（里布）

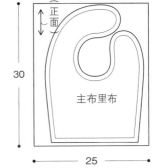

30　主布里布　25　（正面）

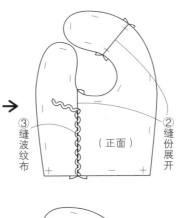

③缝波纹布　②缝份展开　（正面）

2.缝上魔术粘（参照P46<粉色>步骤2）

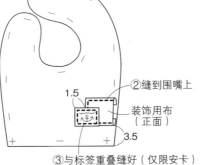

1.5　3.5
②缝到围嘴上
装饰用布（正面）
③与标签重叠缝好（仅限安卡）

47

睡裙和护肚围兜

实物图见P12、13

实物大小的纸样（睡裙）A面【1】
<1–前片、2–后片>

成品尺寸
睡裙：长短50~90cm，与身高对应
胸围92cm，衣长60cm
护肚围兜
腹围约40cm

材料（睡裙和护肚围兜）
双层棉纱·小熊图案 70cmx60cm
双层棉纱·双面圆点 110cmx70cm
米色绒布 80cmx140cm
直径1cm的五爪纽 9对
宽0.3cm的松紧带30cm 4根
4.5cmx3.5cm的标签 1个

【裁剪方法图】

● 双层棉纱·小熊图案

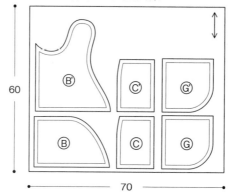

● 双层棉纱·双面圆点

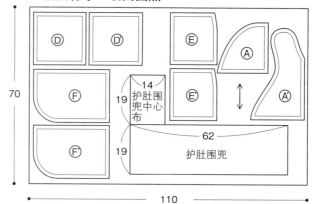

● 米色绒布

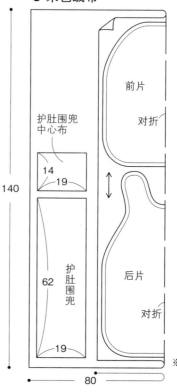

※ 缝份宽 1cm

【配色图】

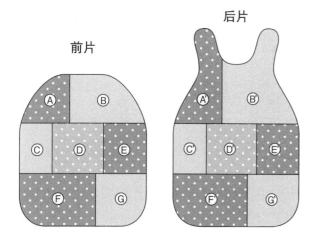

前片　　　后片

　BCGB'C'G' 小熊图案

　AEFA'E'F' 双面圆点（浓绿色）

　DFD'F' 双面圆点（浅绿色）

※ 双面圆点的布，
正面和反面即浓
绿色和浅绿色

【睡裙的做法】

1.缝拼接布

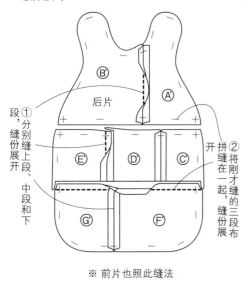

后片
Ⓑ
Ⓐ'

① 段，分别缝上段、中段和下段，缝份展开

② 将刚才缝的三段布缝在一起，缝份展开

开拼缝

Ⓔ Ⓓ Ⓒ

Ⓖ' Ⓕ

※ 前片也照此缝法

2.与后片缝合

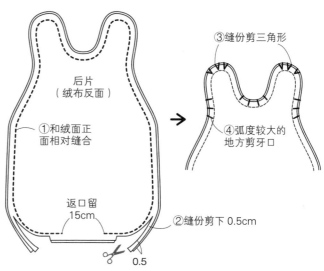

后片
（绒布反面）

①和绒面正面相对缝合

返口留
15cm

②缝份剪下 0.5cm

0.5

③缝份剪三角形

④弧度较大的地方剪牙口

3.翻到正面，缀上五爪纽

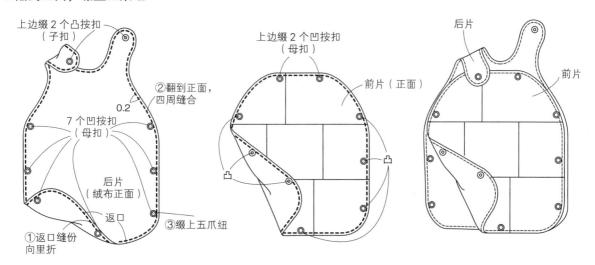

上边缀 2 个凸按扣
（子扣）

②翻到正面，四周缝合

0.2

7 个凹按扣
（母扣）

后片
（绒布正面）

返口

①返口缝份向里折

③缀上五爪纽

上边缀 2 个凹按扣
（母扣）

前片（正面）

凸

凸

后片

前片

什么是五爪纽？

五爪纽是一种用带爪的环形部件（底扣）和纽扣夹住布料的按扣，比普通的按扣牢固。安装时需使用特定的上纽工具，建议初次安装的人购买附带专用打纽工具的五爪纽。

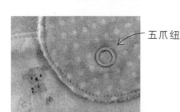

五爪纽

五爪纽10m/m
带打纽工具

安装方法

将带爪的底扣插入布中，爪子会从布的另一边露出，在爪子上装上子扣，将工具对准子扣用锤子敲打三四次即可。

※ 布料的厚度以能够露出一半爪子为宜

护肚围兜的做法

1.做护肚围兜，穿入松紧带

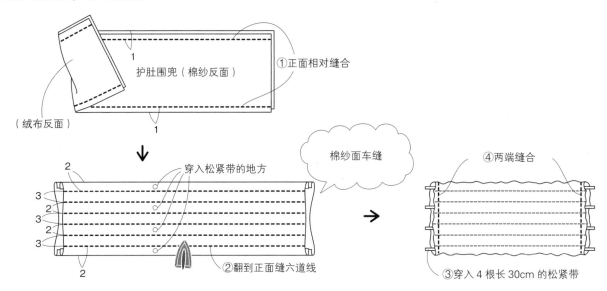

护肚围兜（棉纱反面）
①正面相对缝合
（绒布反面）
1
1

2
穿入松紧带的地方
3
2
3
2
3
2

棉纱面车缝

②翻到正面缝六道线

④两端缝合

③穿入4根长30cm的松紧带

2.将中心布和护肚围兜缝合，缝上标签

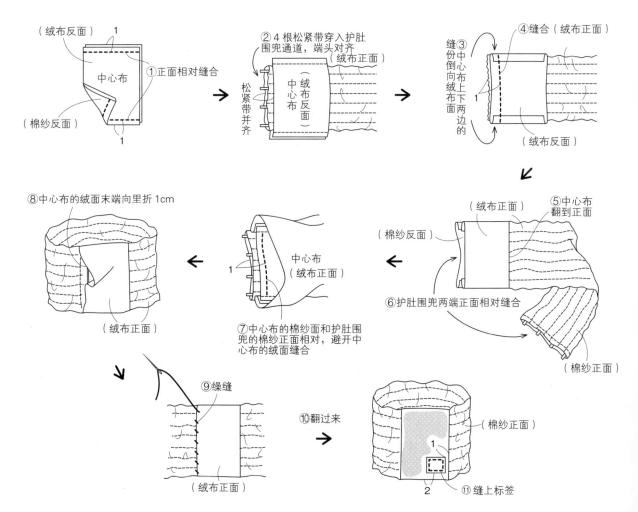

（绒布反面）
1
中心布
①正面相对缝合
（棉纱反面）
1

②4根松紧带穿入护肚围兜通道，端头对齐
（绒布正面）
中心布（绒布反面）
松紧带并齐

③缝份倒向中心布上下两边的
④缝合（绒布正面）
1
（绒布反面）

⑤中心布翻到正面
（绒布正面）
（棉纱反面）
⑥护肚围兜两端正面相对缝合
（棉纱正面）

⑧中心布的绒面末端向里折1cm
（绒布正面）

中心布（绒布正面）
1
⑦中心布的棉纱面和护肚围兜的棉纱正面相对，避开中心布的绒面缝合

⑨缲缝
（绒布正面）

⑩翻过来

（棉纱正面）
1
2
⑪缝上标签

拉伸娃娃

实物图见P8

实物大小的纸样 A面【7】
<1-脸>

成品尺寸
6.5cmx19cm（限身子）

材料
米色床单布（脸用） 13cmx5cm
印花床单布·波点花纹（躯干用）
20cmx10cm
色织浅蓝色棉条纹布（装饰用、腿
用） 15cmx15cm
色织蓝色棉条纹布（胳膊用）
12.5cmx10cm
紫色水洗毡（手脚用） 5cmx6cm
加厚棉绒衬 20cmx15cm
宽1cm的缎带 22cm
宽0.8cm的松紧带 30cm
25号茶色绣线 3根，长度适中

<准备工作>
用熨斗给布料贴上加厚棉绒衬
（参照P33）

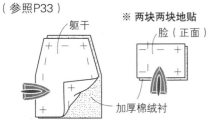

【裁剪方法图】

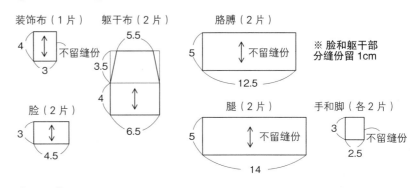

装饰布（1片） 躯干布（2片） 胳膊（2片）
※ 脸和躯干部分缝份留1cm
脸（2片） 腿（2片） 手和脚（各2片）

【做法】

1.缝脸
※ 限前面
①在脸上绣双眼和嘴巴（绣法见 P41）
直线绣
②折装饰布两端
③对折
④放上装饰布
中心
折痕
脸（正面）
⑤在装饰缎带上对假折缝覆
⑥与脸部用布的另外一片正面相对缝合
⑦剪去角
⑧缝份剪去0.5cm
⑨翻到正面弄平整

2.缝合手脚

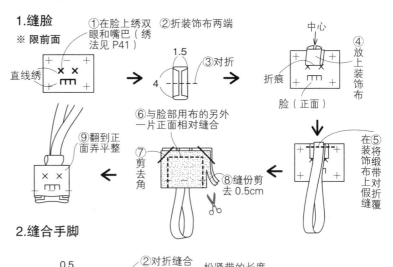

①折 ②对折缝合 折痕
松紧带的长度：手7cm、脚8cm
③穿入松紧带
④两端缝牢 松紧带
⑤夹在手脚里各自缝合
折痕 2.5

3.把头、手、脚夹到躯干上缝合

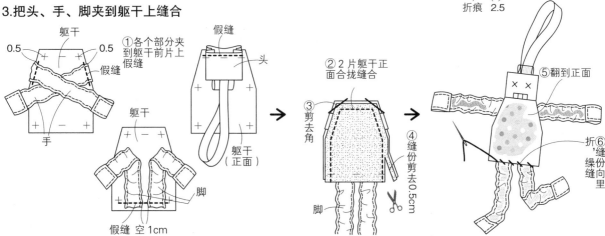

假缝
躯干
手
脚
假缝 空1cm
①各个部分夹到躯干前片上假缝
头
躯干（正面）
②2片躯干正面合拢缝合
③剪去角
④缝份剪去0.5cm
脚
⑤翻到正面
⑥缝份向里缲缝

遮阳鸭舌帽

实物图见P14

实物大小的纸样 A面【4】
<1–主布、2–帽檐、3–遮阳布>

成品尺寸（左起46cm/48cm/50cm）
头围41.5cm/43cm/44.5cm

材料（左起46cm/48cm/50cm）
多层针织物·滚边花纹　60cm×35cm
（通用）
棉麻混纺·素色　85cm×35cm（通用）
罗纹针织布　50cm×15cm（通用）
加厚棉绒衬　30cm×10cm（通用）
宽2cm的松紧带　43.5cm/45cm/46.5cm
直径2cm的纽扣　2颗

【裁剪方法图】

●针织布·滚边花纹

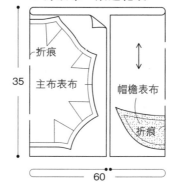

35

折痕
主布表布
帽檐表布
折痕

60

●棉麻混纺·素色

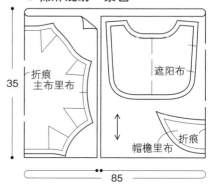

35

折痕
主布里布
遮阳布
折痕
帽檐里布

85

●罗纹针织布

15
5
5
帽带表布
帽带里布
43.5/45/46.5
50

※ 裁剪预留1cm缝份，帽带不留缝份
※ ▨此处里面贴加厚棉绒衬（参照P33）
※ 数字左起为S、M、L三种尺码

【做法】

1.主布表布和主布里布做出褶皱，二者重叠缝合

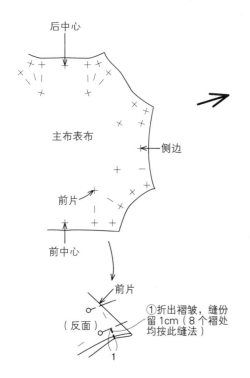

后中心
主布表布
侧边
前片
前片
前中心
（反面）
1

①折出褶皱，缝份留1cm（8个褶处均按此缝法）

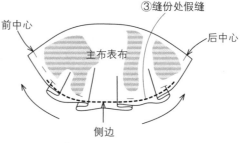

前中心
③缝份处假缝
后中心
主布表布
侧边

②褶皱倒向正中心方向（左右对称）

④主布里布亦按照①～③的步骤制作

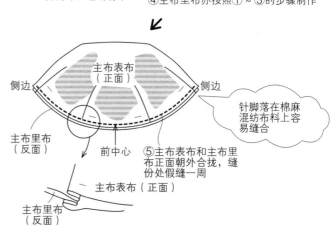

侧边
主布表布（正面）
侧边
主布里布（反面）
前中心
主布里布（反面）
主布表布（正面）
主布里布（反面）

针脚落在棉麻混纺布料上容易缝合

⑤主布表布和主布里布正面朝外合拢，缝份处假缝一周

52

2.做帽檐

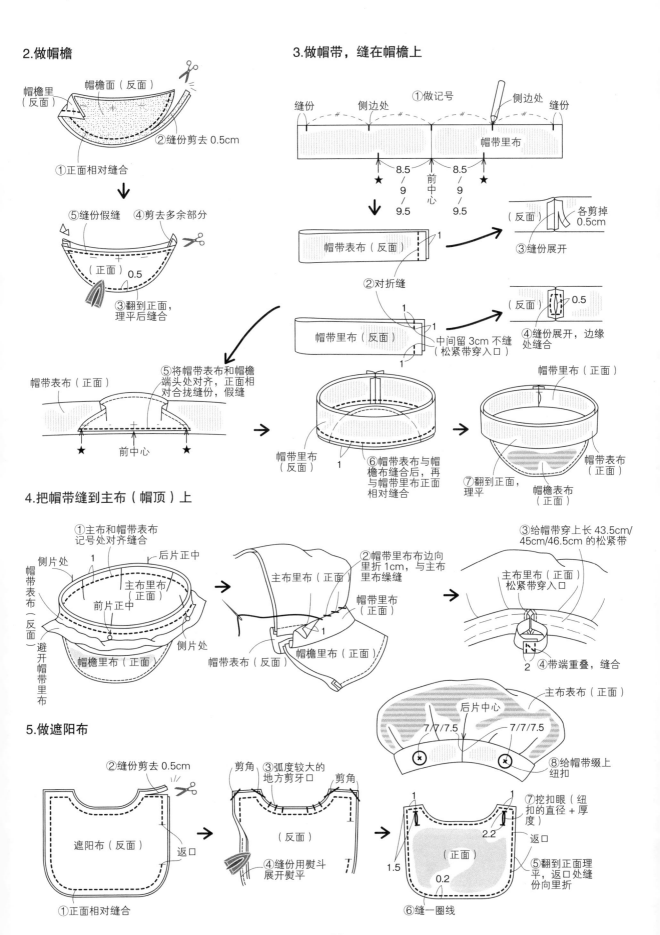

帽檐里（反面）
帽檐面（反面）
②缝份剪去 0.5cm
①正面相对缝合

⑤缝份假缝　④剪去多余部分
（正面）0.5
③翻到正面，理平后缝合

帽带表布（正面）
⑤将帽带表布和帽檐端头处对齐，正面相对合拢缝份，假缝
★　前中心　★

3.做帽带，缝在帽檐上

缝份　侧边处　①做记号　侧边处　缝份
帽带里布
8.5　8.5
★　9　9　★
前中心
9.5　9.5

帽带表布（反面）　1
②对折缝

（反面）各剪掉0.5cm
③缝份展开

帽带里布（反面）
1
1
中间留 3cm 不缝（松紧带穿入口）

（反面）0.5
④缝份展开，边缘处缝合

帽带里布（反面）
⑥帽带表布与帽檐布缝合后，再与帽带里布正面相对缝合
帽带里布（反面）
1

帽带里布（正面）
⑦翻到正面，理平
帽带表布（正面）
帽檐表布（正面）

4.把帽带缝到主布（帽顶）上

①主布和帽带表布记号处对齐缝合
侧片处　1　后片正中
帽带表布（反面）
主布里布（正面）
前片正中
避开帽带里布
帽檐里布（正面）
侧片处

②帽带里布布边向里折1cm，与主布里布缲缝
主布里布（正面）
帽带里布（正面）
帽带表布（反面）
帽檐里布（正面）
1

③给帽带穿上长 43.5cm/45cm/46.5cm 的松紧带
主布里布（正面）
松紧带穿入口
④带端重叠，缝合
2

主布表布（正面）
后片中心
7/7/7.5　7/7/7.5
⑧给帽带缀上纽扣
⑦挖扣眼（纽扣的直径 + 厚度）

5.做遮阳布

②缝份剪去 0.5cm
遮阳布（反面）
返口
①正面相对缝合

剪角　③弧度较大的地方剪牙口　剪角
（反面）
④缝份用熨斗展开熨平

1
2.2
返口
1.5
（正面）
0.2
⑥缝一圈线
⑤翻到正面理平，返口处缝份向里折

花边帽

实物图见P15

实物大小的纸样 A面【5】
<1–主布>

成品尺寸（左起46cm/48cm/50cm）
帽围 46cm/48cm/50cm

材料（左起46cm/48cm/50cm）
绒面印花布・波点花纹
80cm/85cm/90cmx30cm
印花床单布・碎花
90cmx35cm（通用）
宽1.5cm的棉制粗线花边
75cm/80.5cm/86cm
宽0.6cm的帽用松紧带
29cm/30cm/31cm

【裁剪方法图】

●绒面印花布・波点花纹

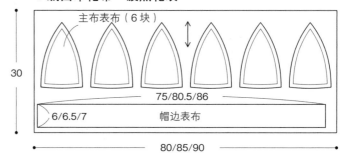

主布表布（6块）
30
75/80.5/86
6/6.5/7　帽边表布
80/85/90

●印花床单布・碎花

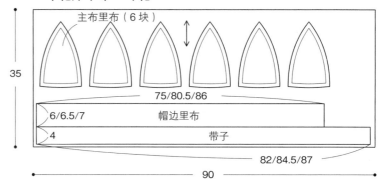

主布里布（6块）
35
75/80.5/86
6/6.5/7　帽边里布
4　带子
82/84.5/87
90

※ 缝份留1cm
※ 带子和帽边不留缝份
※ 数字左起为S、M、L三种尺码

【做法】

1.主布表布三块拼缝在一起

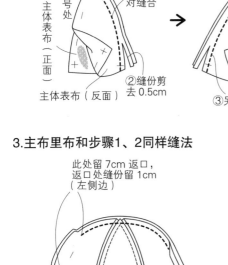

※ 缝至记号处
主体表布（正面）
①正面相对缝合
主体表布（反面）
②缝份剪去0.5cm
※ 做两对
③另外一块布缝法同上

2.拼缝方法同步骤1

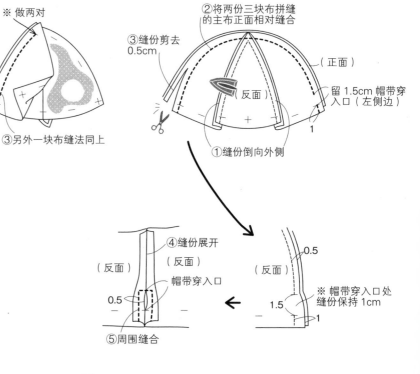

②将两份三块布拼缝的主布正面相对缝合
③缝份剪去0.5cm
（正面）
（反面）
①缝份倒向外侧
留1.5cm 帽带穿入口（左侧边）
1

④缝份展开
（反面）
帽带穿入口
（反面）
0.5
0.5
1.5
1
※ 帽带穿入口处缝份保持1cm
⑤周围缝合

3.主布里布和步骤1、2同样缝法

此处留7cm返口，
返口处缝份留1cm
（左侧边）
（反面）
4

4.做帽边

① 帽边表布和花边正面相对假缝

0.8

粗制棉线花边（反面）

帽边表布（正面）

↓

② 帽边表布和里布正面相对缝合

1

粗制棉线花边

帽边里布（反面）

帽边表布（正面）

↓

帽边里布（反面）

③ 展开帽边，缝份熨向一侧

1

④ 帽边对折缝合

⑤ 缝份展开

帽边表布（反面）

右侧

后片中心

⑦ 四等分，做记号

帽边里布（正面）

帽边表布（反面）

0.2

左侧

前片中心

⑥ 翻到正面理平，沿边缝一圈线

↓

⑧ 上边用粗缝纫线（2股）车缝一圈（参照 P69）

0.5

0.2

帽边表布（正面）

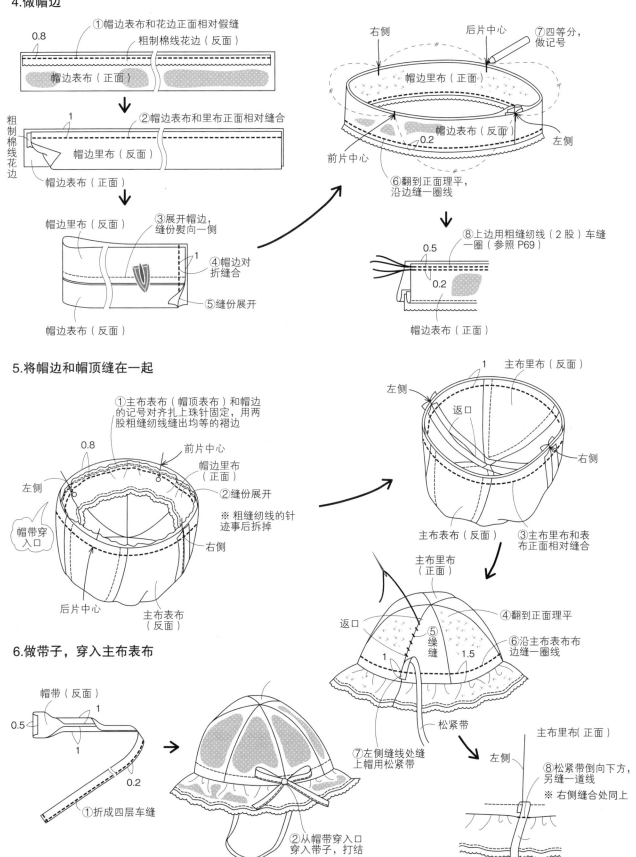

5.将帽边和帽顶缝在一起

① 主布表布（帽顶表布）和帽边的记号对齐扎上珠针固定，用两股粗缝纫线缝出均等的褶边

0.8

前片中心

帽边里布（正面）

② 缝份展开

左侧

※ 粗缝纫线的针迹事后拆掉

右侧

帽带穿入口

后片中心

主布表布（反面）

1

主布里布（反面）

左侧

返口

右侧

主布表布（反面）

③ 主布里布和表布正面相对缝合

主布里布（正面）

返口

1

⑤ 缲缝

1.5

④ 翻到正面理平

⑥ 沿主布表布布边缝一圈线

松紧带

6.做带子，穿入主布表布

帽带（反面）

0.5

1

1

0.2

① 折成四层车缝

→

② 从帽带穿入口穿入带子，打结

⑦ 左侧缝线处缝上帽用松紧带

主布里布（正面）

左侧

⑧ 松紧带倒向下方，另缝一道线

※ 右侧缝合处同上

55

尿布袋

实物图见P18

成品尺寸
26cm×20cm（提手除外）

材料
天竺棉　30cm×45cm
棉麻混纺利伯蒂印花布
90cm×40cm
帆布11号　80cm×25cm
黏合衬　35cm×50cm
标签　5cm×1.5cm　1块
宽2.5cm的魔术粘　9cm

【裁剪方法图】

● 天竺棉

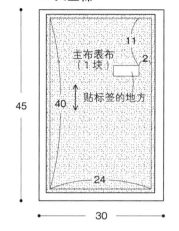

45
30
主布表布（1块）
贴标签的地方
40
11
2
24

※ ○中的数字是缝份尺寸，其余的缝份均留1cm。包边布和标签布不留缝份。
※ ▨此处反面加贴厚棉绒衬（贴衬方法见P33）
※ 魔术粘注意不要缝错绒面和刺面

● 利伯蒂印花布

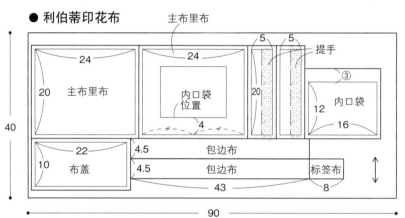

主布里布　提手
40
90
24　主布里布　20
24　内口袋位置　4
5　5
20
③　内口袋　12　16
22　布盖　10
4.5　包边布
4.5　包边布　标签布
43　8

● 帆布

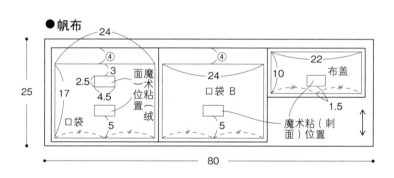

25
80
24
③
3
2.5
4.5
17
口袋
5
面魔术粘位置（一绒）
④
24
口袋B
5
④
22　布盖　10
1.5
魔术粘（刺面）位置

【做法】

1.缝制标签

标签布（正面）
1.5
1.5
①将标签贴在标签布上，四周缝上一道线
②四个边各折1cm
（反面）

主布表布（正面）
0.1
③缝在主布表布上

2.缝制内口袋

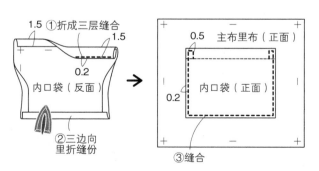

1.5　①折成三层缝合　1.5
0.2
内口袋（反面）
②三边向里折缝份

0.5　主布里布（正面）
内口袋（正面）
0.2
③缝合

56

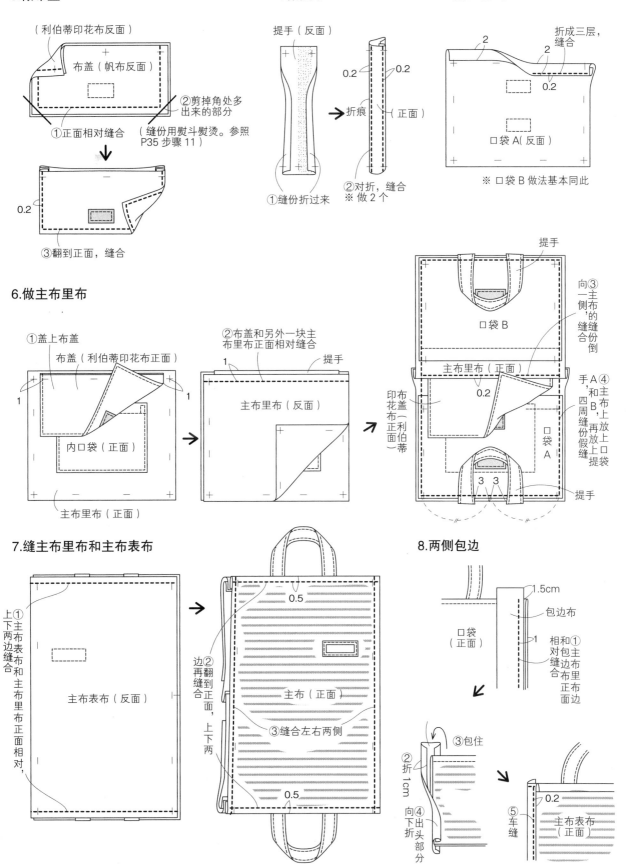

3.做布盖

（利伯蒂印花布反面）

布盖（帆布反面）

①正面相对缝合

②剪掉角处多出来的部分

（缝份用熨斗熨烫。参照P35步骤11）

0.2

③翻到正面，缝合

4.做提手

提手（反面）

0.2　0.2

折痕　（正面）

①缝份折过来

②对折，缝合

※做2个

5.做口袋A和B

折成三层，缝合

2　2

0.2

口袋A（反面）

※口袋B做法基本同此

6.做主布里布

①盖上布盖

布盖（利伯蒂印花布正面）

内口袋（正面）

主布里布（正面）

1

②布盖和另外一块主布里布正面相对缝合

1　提手

主布里布（反面）

提手

口袋B

向③一主侧布'的缝缝合份倒

主布里布（正面）

0.2

印布盖布（利伯蒂正面）

手A④和B，主布上四周缝份假缝再放上口袋

口袋A

3　3

提手

7.缝主布里布和主布表布

①上下两边主布表布和主布里布正面相对

主布表布（反面）

②边再翻缝到合正面，上下两

0.5

主布（正面）

③缝合左右两侧

0.5

8.两侧包边

1.5cm

包边布

口袋（正面）

①相和包主边布布里正布面边对缝合

②折1cm

③包住

④向下折出头部分

⑤车缝

0.2

主布表布（正面）

便携卫生纸袋

实物图见P19

成品尺寸
16cm×12cm

材料
<帆布>
帆布11号 40cm×30cm
棉麻混纺利伯蒂印花布 40cm×20cm
黏合衬 20cm×10cm
标签 5cm×1.5cm 1块
直径4.5cm的扣环 1个
宽2.5cm的魔术粘 3cm
<乙烯基酯树脂涂层布>
乙烯基酯树脂涂层布·波点花纹
40cm×30cm
绒面印花布·彩色格子布 40cm×20cm
1片装饰花边
宽0.3cm的仿麂皮带 13cm
直径4.5cm的扣环 1个
宽2.5cm的魔术粘 3cm1组

【裁剪方法图】
● 帆布/乙烯基酯树脂涂层布

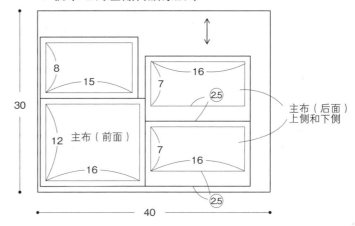

● 利伯蒂印花布/彩色格子布

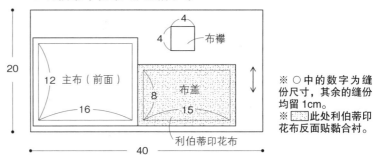

※ ○中的数字为缝份尺寸，其余的缝份均留1cm。
※ ▨此处利伯蒂印花布反面贴黏合衬。

【做法】

1.主布（前面）的表布和里布缝合，不留返口

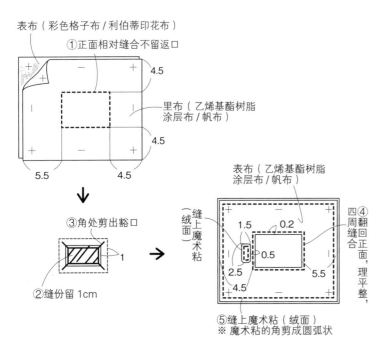

2.缝主布（后面）的上侧和下侧
里布（乙烯基酯树脂涂层布/帆布）
②缝份向里折，缝合
①帆布锯齿形针迹锁边
※做2块
③上侧反面缝上魔术粘（刺面）
上侧（正面）
下侧（正面）
下侧正面缝上魔术粘（绒面）

3.做布盖

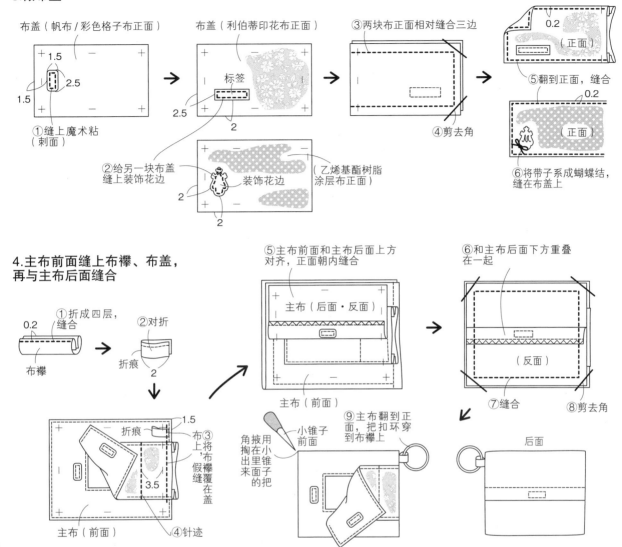

布盖（帆布/彩色格子布正面）

+ 　　1.5　　 −　　　　 +

2.5

1.5

+　　　 −　　　　 +

①缝上魔术粘（刺面）

布盖（利伯蒂印花布正面）

+　　　　　 −　　　　 +

标签

2.5

+　　　 −　　　　 +

2

②给另一块布盖缝上装饰花边

2

装饰花边

（乙烯基酯树脂涂层布正面）

2

2

③两块布正面相对缝合三边

④剪去角

0.2

（正面）

⑤翻到正面，缝合

0.2

（正面）

⑥将带子系成蝴蝶结，缝在布盖上

4.主布前面缝上布襻、布盖，再与主布后面缝合

①折成四层，缝合

0.2

布襻

②对折

折痕

2

布襻③将布上，假襻覆缝在盖

折痕

1.5

3.5

主布（前面）

④针迹

⑤主布前面和主布后面上方对齐，正面朝内缝合

主布（后面·反面）

主布（前面）

⑥和主布后面下方重叠在一起

（反面）

⑦缝合　　　⑧剪去角

角拨用小掏小出锥里来子面的的把

小锥子前面

⑨主布翻到正面，把扣环穿到布襻上

后面

小贴士

要点 1

折缝份时
用熨斗熨出缝份的话可能会熔化涂层表层，因此要用手指折缝份。

要点 2

用珠针固定时
插入珠针时，会在布上留下针孔，可用透明胶带或遮蔽胶带隔开布料代替珠针。

要点 3

厚纸

缝纫时
因为涂层布会比一般布料难缝，垫一张厚纸会容易缝些。

奶瓶袋

实物图见P16

成品尺寸
底6cmx高25cm

材料
<男式>
绗缝布·素色 30cmx30cm
绒面棉布·条纹 30cmx30cm
棉麻·电车图案 15cmx3.5cm
<女式>
绗缝布·圆点 30cmx30cm
床单布·印花 30cmx30cm
1片装饰花片
<男女通用>
直径1.7cm的按扣 1对
宽0.5cm的带子 40cm
制动塞 1个

【裁剪方法图】

● 绗缝布

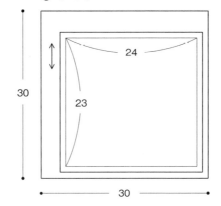

● 绒面棉布/印花床单布

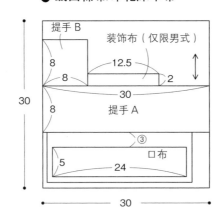

● 电车图案（仅限男式）

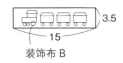

装饰布 B

※ ○中的数字表示缝份尺寸，
其余的缝份留1cm，提手、装
饰布不留缝份

【做法】

1.做提手A和B，假缝到主布上

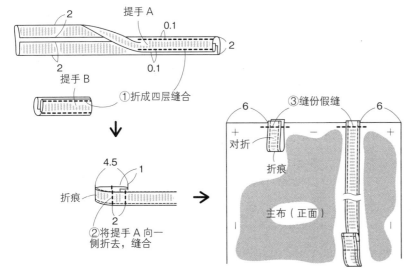

2.将口布缝到主布上

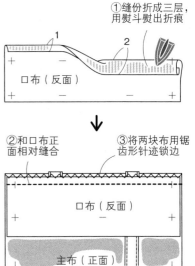

3.缝上装饰物

<男式>

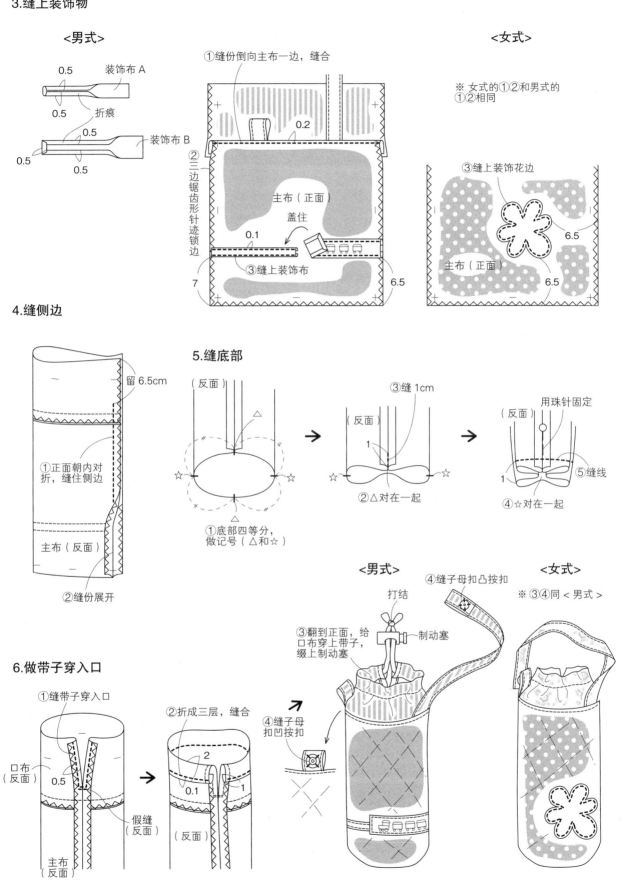

装饰布 A
0.5
0.5
折痕

装饰布 B
0.5
0.5
0.5
0.5

①缝份倒向主布一边，缝合
0.2
②三边锯齿形针迹锁边
主布（正面）
盖住
0.1
③缝上装饰布
7
6.5

<女式>

※ 女式的①②和男式的①②相同

③缝上装饰花边
6.5
主布（正面）
6.5

4.缝侧边

留 6.5cm
①正面朝内对折，缝住侧边
主布（反面）
②缝份展开

5.缝底部

（反面）
③缝 1cm
（反面）
1
☆
②△对在一起
（反面）
用珠针固定
1
⑤缝线
④☆对在一起
①底部四等分，做记号（△和☆）

6.做带子穿入口

①缝带子穿入口
口布（反面）
0.5
假缝（反面）
主布（反面）

②折成三层，缝合
2
0.1
1
（反面）

<男式>

打结
③翻到正面，给口布穿上带子，缀上制动塞
④缝子母扣凸按扣
制动塞
④缝子母扣凹按扣

<女式>

※ ③④同 <男式>

宝宝杯袋

实物图见P17

实物大小的纸样 A面【6】
<1-盖子>

成品尺寸
袋口宽20cm，高18.5cm，侧边厚8cm（提手除外）

材料
亚麻布 50cm×50cm
印花棉布 50cm×50cm
加厚棉绒衬 50cm×50cm
宽2.5cm的魔术粘 4cm
绒球滚边（绒球直径1cm） 40cm
长23.5cm的真皮提手 1条（两头缀上钩扣，带D环）
宽2cm的双面胶带 30cm
保鲜装置 38cm×14cm

【裁剪方法图】

● 亚麻布（表布）、印花棉布（里布） 通用

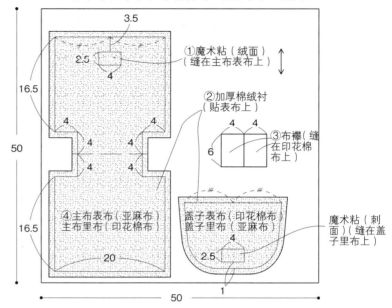

3.5

①魔术粘（绒面）（缝在主布表布上）

②加厚棉绒衬（贴表布上）

③布襻（缝在印花棉布上）

④主布表布（亚麻布）主布里布（印花棉布）

盖子表布（印花棉布）盖子里布（亚麻布）

魔术粘（刺面）（缝在盖子里布上）

16.5
50
16.5
20
50
2.5
1

※ 布襻不留缝份。其余的留1cm缝份
※ 只在主布表布（亚麻布）、盖子表布（印花棉布）上贴加厚棉绒衬（贴衬方法详见 P33）

【做法】

1.缝上魔术粘

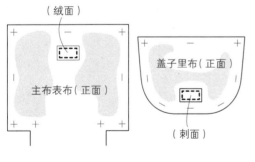

（绒面）
主布表布（正面）

盖子里布（正面）
（刺面）

2.缝侧边

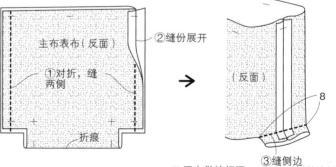

主布表布（反面）
②缝份展开
①对折，缝两侧
折痕

（反面）
8
③缝侧边

※ 里布做法相同
※ 另一侧做法相同

3.缝盖子

盖子表布（反面）
盖子里布（反面）
②缝份剪去0.5cm
①正面相对缝合

（反面）
③弧度较大处剪牙口

④翻到正面理平
※留 3~4cm 不缝绒球滚边
※3~4cm
盖子里布（正面）
⑤盖子里布边缘缀上绒球滚边

4.缝合布襻

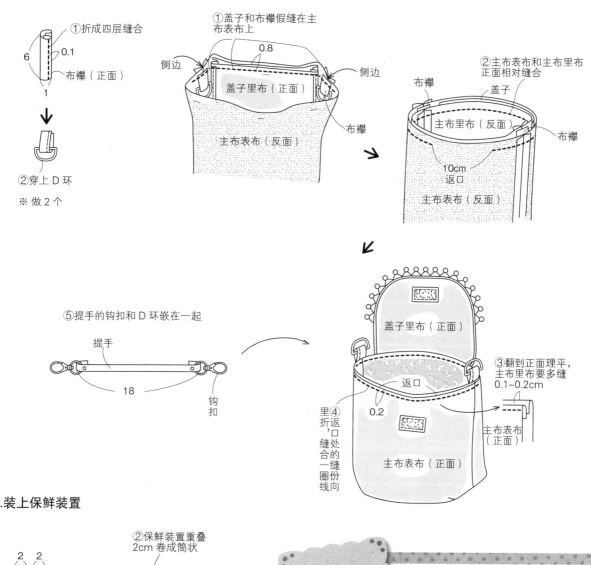

①折成四层缝合

6　0.1

布襻（正面）

1

②穿上D环

※ 做2个

5.将盖子、布襻夹好，缝合主布表布、主布里布

①盖子和布襻假缝在主布表布上

0.8

侧边

盖子里布（正面）

侧边

布襻

主布表布（反面）

②主布表布和主布里布正面相对缝合

布襻

盖子

主布里布（反面）

布襻

10cm返口

主布表布（反面）

⑤提手的钩扣和D环嵌在一起

提手

18

钩扣

盖子里布（正面）

③翻到正面理平，主布里布要多缝0.1~0.2cm

主布表布（正面）

返口

里④折返'口缝处合的一缝圈份线向

0.2

主布表布（正面）

6.装上保鲜装置

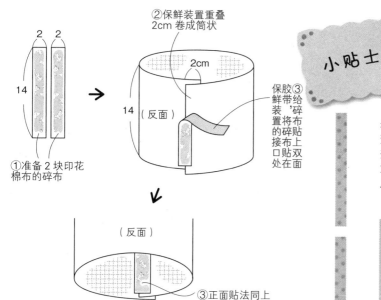

②保鲜装置重叠2cm卷成筒状

2cm

2　2

14

（反面）

14

①准备2块印花棉布的碎布

保胶③鲜带给装'碎置将布的碎贴接上口贴双处在面面

（反面）

③正面贴法同上

小贴士

市售保鲜装置及处理方法

表面涂上一层铝质的保鲜装置因为具有隔热性，不仅能够保鲜，还能保温。装在奶瓶袋里面的话，可以将冲奶粉用的热水保温携带，非常方便。在实体商店或网上商店里均有出售，很容易买到。

要点

保鲜装置用线缝的话容易破，而且也很难将其缝在布料上。用双面胶带粘的话则非常简单，所以要灵活处理。

外出服

实物图见P26

实物大小的纸样 B面【10】
<1–前片、2–后片>

成品尺寸
胸围54~56cm
衣长25.5cm
※与60~80cm的尺寸相对应

材料
<男式>
多层针织布 80cmx30cm
棉麻混纺色织条纹布 80cmx30cm
条纹床单布 15cmx15cm
黏合衬 10cmx30cm
宽1.5cm的罗缎带 60cm
宽2.5cm的魔术粘4cm 2组
纹章（约2.5cmx2cm） 2枚
<女式>
多层针织布·草莓图案
80cmx30cm
床单布·素色 80cmx30cm
宽4cm的扇贝花边20cm 2根
宽2.5cm的魔术粘4cm 2组

【裁剪方法图】

<男式/女式>
（表布/里布通用）●针织布/棉麻混纺布、床单布

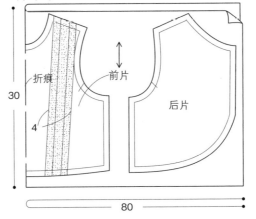

<男式>
●床单布·条纹布

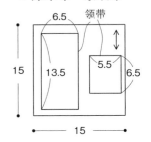

※ 留 1cm 缝份。领带不留缝份。
※ ▨▨ 男式服表布缝罗缎带位置的背面贴上宽4cm的黏合衬

【做法】 <男式>

1.给前片表布正面缝上罗缎带

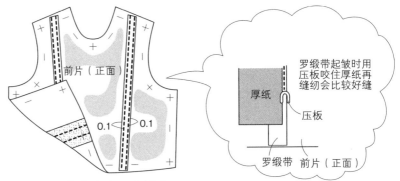

罗缎带起皱时用压板咬住厚纸再缝纫会比较好缝

厚纸
压板
罗缎带 前片（正面）

2.前片和后片正面相对，缝合肩部（表布和里布均如此）

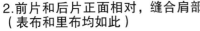

①缝住这一块 缝住这一块
0.5
0.5
0.5 0.5
后片（反面） 前片（正面）

②缝份倒向后面
※里布缝份倒向前面

3.将表布和里布缝合

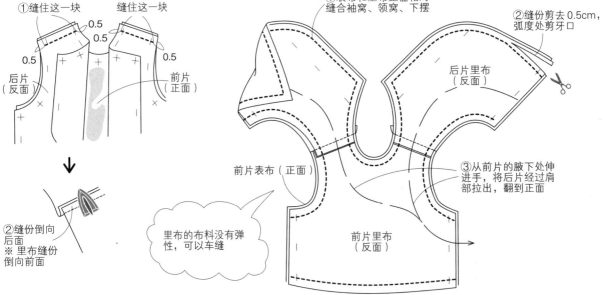

①表布和里布正面相对缝合袖窝、领窝、下摆

②缝份剪去0.5cm，弧度处剪牙口

后片里布（反面）

前片表布（正面）

③从前片的腋下处伸进手，将后片经过肩部拉出，翻到正面

前片里布（反面）

里布的布料没有弹性，可以车缝

4.缝右侧

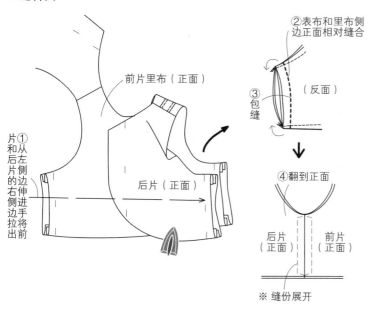

前片里布（正面）

后片（正面）

片①和从左片右侧边伸进手将前片右侧边拉出

②表布和里布侧边正面相对缝合

（反面）

③包缝

④翻到正面

后片（正面）　前片（正面）

※ 缝份展开

5.缝左侧

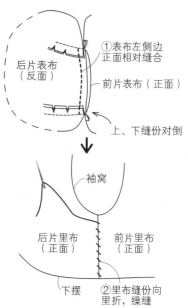

①表布左侧边正面相对缝合

后片表布（反面）

前片表布（正面）

上、下缝份对倒

袖窝

后片里布（正面）　前片里布（正面）

下摆

②里布缝份向里折，缲缝

6.缝制领带

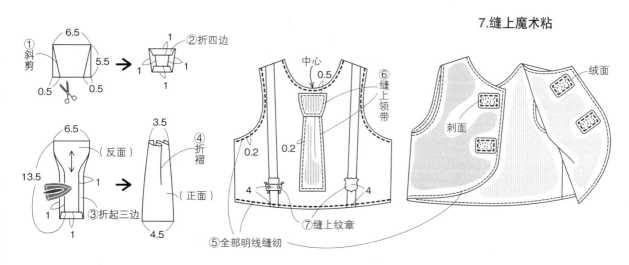

①斜剪　6.5　5.5　0.5　0.5

②折四边　1　1　1　1

6.5　（反面）　13.5　1　1

③折起三边

3.5　④折褶　（正面）　4.5

中心　0.5

⑥缝上领带

0.2　0.2

4　4

⑤全部明线缝纫

⑦缝上纹章

7.缝上魔术粘

绒面

刺面

【做法】　<女式>

※〈女式〉主布做法除第1、6步外，其他同〈男式〉，第3步加上缝合花边

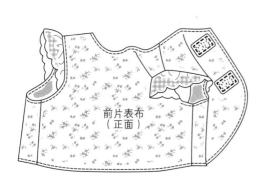

前片表布（正面）

花边的缝法

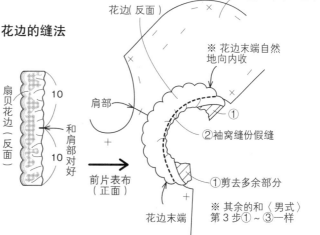

扇贝花边（反面）

10　和肩部对好　10

前片表布（正面）

后片表布（正面）

花边（反面）

※ 花边末端自然地向内收

肩部

①

②袖窝缝份假缝

①剪去多余部分

※ 其余的和〈男式〉第3步①～③一样

花边末端

暖腿套

实物图见P24

成品尺寸

11cm×27cm
※相对应的身高60~90cm

材料

<女式镂空>
镂空针织棉 24cm×31cm 2块
色织平纹格子布 8cm×6cm 2块
宽0.4cm的松紧带 120cm

<男式抽褶>
棉麻混纺天竺棉 24cm×31cm 2块
宽0.4cm的松紧带 220cm

<男式提花>
提花针织布 24cm×27.5cm 2块
罗纹针织布 14cm×8cm 2块
宽0.4cm的松紧带 90cm

<女式拼接>
多层针织布·碎花 24cm×21.5cm 2块
多层针织布·格子 24cm×16.5cm 2块
宽0.4cm的松紧带 200cm

※暖腿套上的松紧带请根据宝宝的身高适当调节

※请使用针织面料专用针线（参考P71）

【裁剪方法图】

<女式镂空/男式抽褶>
●镂空针织棉/棉麻混纺天竺棉

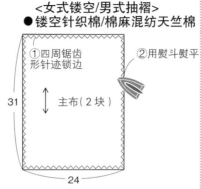

①四周锯齿形针迹锁边　②用熨斗熨平
主布（2块）
31　24

●格子布　※仅限镂空针织

6　蝴蝶结（2个）　8

<男式提花>
●提花针织布

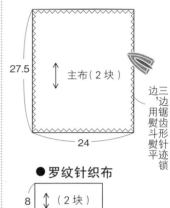

主布（2块）
27.5　24
三边用锯齿形针迹锁边，熨斗熨平

●罗纹针织布

8（2块）　14

<女式拼接>

●针织·碎花

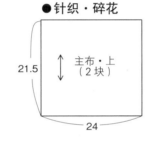

主布·上（2块）
21.5　24

●针织·格子

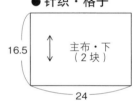

主布·下（2块）
16.5　24

【做法】

<女式镂空>

1.缝合侧边

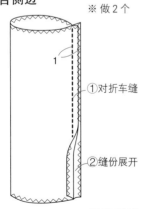

※做2个

①对折车缝
②缝份展开
1

2.上下侧滚边，穿松紧带

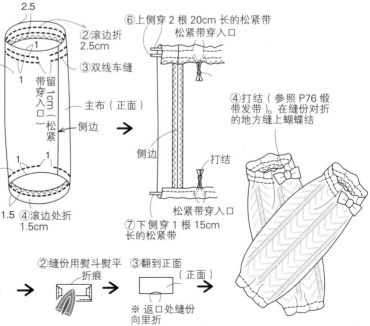

2.5
①翻到正面
①滚边折2.5cm
③双线车缝
1　1　1
带留穿入口（松紧带1cm）
主布（正面）
侧边
⑤车缝　1　1
1.5　④滚边处折1.5cm

⑥上侧穿2根20cm长的松紧带　松紧带穿入口
④打结（参照P76缎带发带）。在缝份对折的地方缝上蝴蝶结
侧边　打结
松紧带穿入口
⑦下侧穿1根15cm长的松紧带

3.做蝴蝶结，缝上

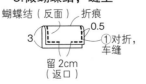

蝴蝶结（反面）　折痕
3　0.5
①对折，车缝
留2cm（返口）
②缝份用熨斗熨平　折痕
③翻到正面（正面）
※返口处缝份向里折

66

<男式抽褶>

1.缝抽褶

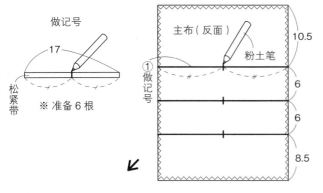

做记号

17

松紧带

※准备6根

主布（反面）

粉土笔

① 做记号

做记号

10.5

6

6

8.5

②比照记号处插上珠针，一只手拉始缝端，另一只手拉松紧带，缝纫

※做2个

主布（反面）

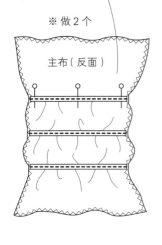

2.与P66<女士镂空>的1、2步做法相同，滚边穿松紧带

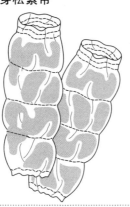

<男式提花>

※1、2步做法同P66<女士镂空>。不同之处在于这里仅上端滚边即可。

3.将罗纹针织布缝合到主布下侧

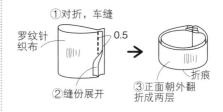

① 对折，车缝

罗纹针织布

0.5

② 缝份展开

折痕

③ 正面朝外翻折成两层

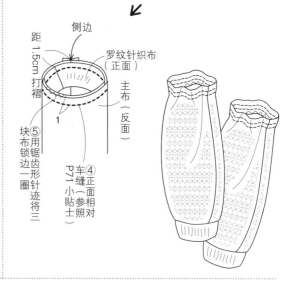

距1.5cm打褶

侧边

罗纹针织布（正面）

主布（反面）

1

块⑤布用锁锯边齿形一圈针迹将三

④车缝正面相对

P71小贴士参照

<女式拼接>

1.做抽褶，缝合拼接

松紧带

① 做记号

10

※准备8根

4 5.5 5 5.5 4

主布下半部分反面

粉土笔

做记号

②用和上面<男式抽褶>相同的方法缝上松紧带

③相和对下主缝上合半半部正部分面分面

④用锯齿形针迹将两块布锁边

主布 下半部分（正面）

锁⑥边四'周用熨锯斗齿熨形平针迹

主布上半部分（正面）

主布 上半部分（正面）

⑤缝份向上倒

主布 下半部分正面

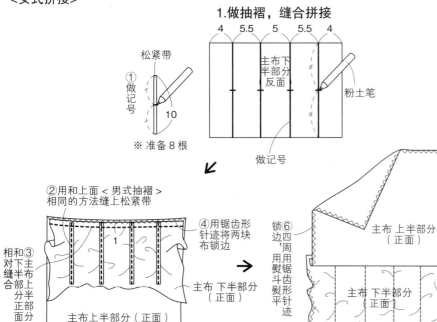

2.同P66<女士镂空>第1、2步做法，缝合侧边，上下侧滚边，穿松紧带

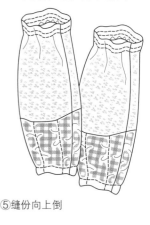

泡泡灯笼裤

实物图见P20

实物大小的纸样 B面【14】
<1–前片、2–后片>

成品尺寸
（左起70cm/80cm/90cm）
裤长19cm/19.5cm/20cm

材料（左起70cm/80cm/90cm）
色织平纹格子布　110cmx30cm（通用）
<褶边>
色织平纹格子布　62cm/64.5cm/67cmx6cm
床单布·圆点
62cm/64.5cm/67cmx6cm
宽4.5cm的棉褶边　45cm
宽0.3cm的松紧带
43cm/44cm/45.5cm　2根（用于裤腰）
27cm/28cm/30cm　2根（用于裤口）
※请根据宝宝的身高合理调节松紧带的长短

【裁剪方法图】

● 色织平纹格子布

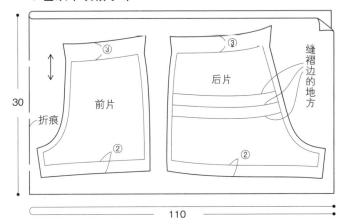

※ ○中的数字是缝份尺寸。其余的留 1cm 缝份
※ 缝褶边的地方用粉土笔做上记号

< 裤腰处缝份的做法 >

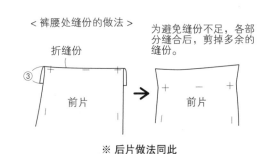

※ 后片做法同此

【做法】

※ 用熨斗熨平折痕

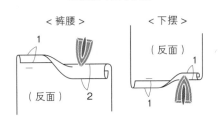

1.缝立裆

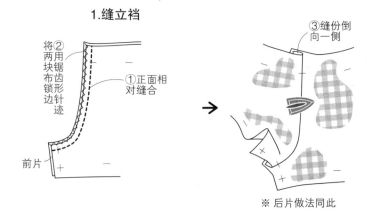

※ 后片做法同此

2.做褶边

※ 格子布和圆点印花布做法相同

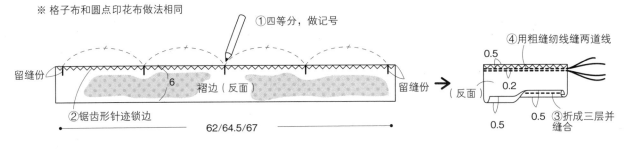

3.给后片缝上褶边

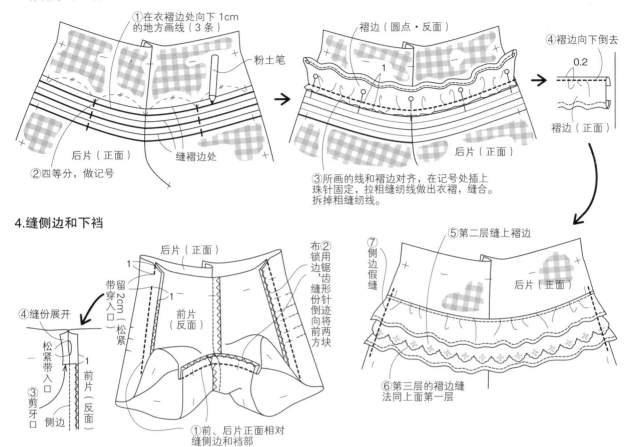

①在衣褶边处向下1cm的地方画线（3条）

粉土笔

②四等分，做记号

后片（正面）

缝褶边处

褶边（圆点·反面）

1

③所画的线和褶边对齐，在记号处插上珠针固定，拉粗缝纫线做出衣褶，缝合。拆掉粗缝纫线。

后片（正面）

④褶边向下倒去

0.2

褶边（正面）

4.缝侧边和下裆

④缝份展开

松紧带入口

③剪牙口

侧边

后片（正面）

1

留2cm穿入口

带穿入口

前片（松紧）

前片（反面）

1

布②锁用边锯齿缝形份针倒向将迹前两方块

①前、后片正面相对缝侧边和裆部

⑦侧边假缝

⑤第二层缝上褶边

后片（正面）

⑥第三层的褶边缝法同上面第一层

5.缝腰部和下摆

腰部

②上下穿入两条松紧带

①折三层缝合

0.1

后片（反面）

侧边

前片（反面）

0.1

下摆

打结

留1cm（松紧带穿入口）

③穿入松紧带

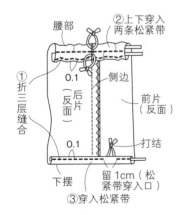

前片（正面）

小贴士

衣褶的做法

把布料折出褶时，缝份处缝两道粗缝纫线（亦称打褶车缝）

衣褶的做法

0.5

0.2

①距布边0.5cm的地方以及向下0.2cm的地方缝上粗缝纫线

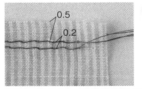

②比照记号插上珠针固定，为使褶边一致，同时拉这两道线以拉出均等的褶边。

要点 何谓粗缝纫线

缝衣褶时使用的大针迹线。针脚松，易拉线。距布边0.5~0.6cm的地方缝粗缝纫线，可拉出漂亮的褶边。

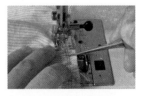

③车缝时起褶的一面朝上，边用小锥子理齐褶边边车缝。最后去掉粗缝纫线。

短裤

实物图见P22

实物大小的纸样 A面【3】
<1–前片、2–后片、3–口袋>

成品尺寸
（左起70cm/80cm/90cm）
裤长27cm/27.5cm/28cm

材料
<星星图案裤>
星星图案布和正反两用多层针织滚边条
80cmx40cm
直径1.5cm的扣子 1颗
<素色裤>
鱼鳞布 80cmx40cm
直径5cm的纹章 1枚
3.5cmx3cm标签布（棉格子布） 2块
<两款通用>
40支棉氨纶罗纹布 50cmx20cm
宽2cm的松紧带
40cm/42.5cm/44.5cm
※请根据宝宝的身高合理调节松紧带的
长短

【裁剪方法图】

● 星星图案布

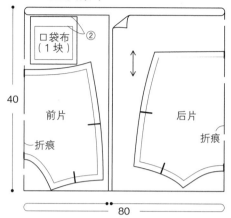

※ ○中的数字是缝份尺寸。
其余的留1cm缝份
※裤子的腰部和立裆中心处
剪口

● 棉氨纶罗纹布

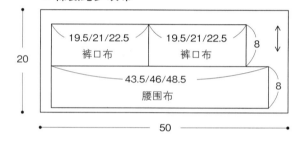

【星星图案裤的做法】

1.缝口袋

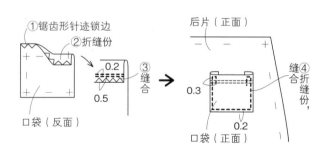

2.裁剪侧边和立裆

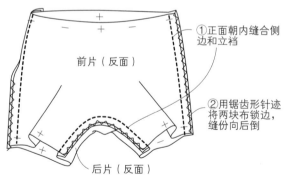

3.裁剪腰围布

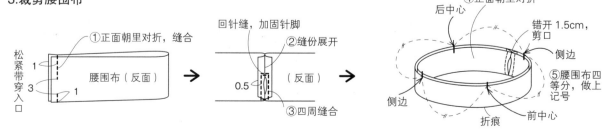

4.裁剪裤口

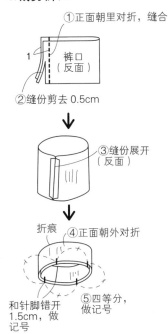

①正面朝里对折，缝合

裤口（反面）

②缝份剪去 0.5cm

③缝份展开（反面）

折痕

④正面朝外对折

⑤四等分，做记号

和针脚错开 1.5cm，做记号

5.缝上腰围布和裤口布

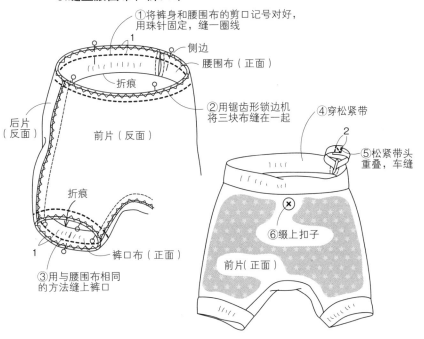

①将裤身和腰围布的剪口记号对好，用珠针固定，缝一圈线

侧边

腰围布（正面）

折痕

后片（反面）

前片（反面）

②用锯齿形锁边机将三块布缝在一起

④穿松紧带

⑤松紧带头重叠，车缝

折痕

裤口布（正面）

③用与腰围布相同的方法缝上裤口

⑥缀上扣子

前片（正面）

【素色裤的做法】

※ 做法同＜星星图案裤＞步骤 1~5。不过需要给纹章和口袋缝上标签

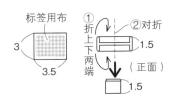

标签用布

3

3.5

①折上下两端

②对折

1.5

（正面）

1.5

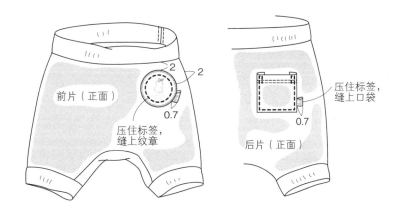

前片（正面）

压住标签，缝上纹章

2

2

0.7

压住标签，缝上口袋

0.7

后片（正面）

小贴士

针织布的缝纫技巧

针织布如果不用专门缝纫工具缝制会给人很难缝制的感觉，即使用的是家用缝纫机也需使用专用机针和缝纫线，也可用锯齿形锁边法处理布边。建议初学者使用伸缩性不强、厚度适中的针织布。

要点1

使用针织布专用的机针和缝纫线

针织衣物会随着肢体的动作一伸一缩，所以要使用不容易断线的针织布专用尼龙线和圆头针。

针织专用线

ORGAN NEEDLES

针织专用针
本书展示的服饰均使用 9 号缝纫机针（仅提花暖腿套使用 11 号缝纫机针）

圆头针，不会划坏面料

要点2

针织专用线

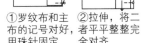

①罗纹布和主布的记号对好，用珠针固定

②拉伸，将二者平平整整完全对齐

③稍微还原一下，略呈褶皱状，缝合

对齐剪口记号，将短布拉伸一次再缝。

※ 本书中，此方法用于长裤的主布和腰围、裤口的罗纹布，鸭舌帽、提花暖腿套等的主布和罗纹布缝制的时候。

罩衣

实物图见P30

实物大小的纸样 B面【13】
<1–主布、2–口袋>

成品尺寸
衣长 约37.5cm
小布袋 10cmx22cm

材料
<带袖罩衣>
牛津布 120cmx60cm
绒面棉布 45cmx45cm
宽2.5cm的魔术粘 6.5cm
宽0.5cm的松紧带 15cm 2根
<无袖罩衣>
尼龙·圆点印花
100cmx60cm
色织格子绒布 45cmx45cm
宽2.5cm的魔术粘 6.5cm
※用熨斗低温熨烫

【裁剪方法图】

● <带袖罩衣> 牛津布

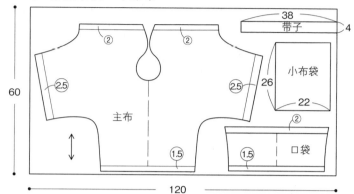

● <带袖罩衣> 绒面棉布

● <无袖罩衣> 色织格子绒布

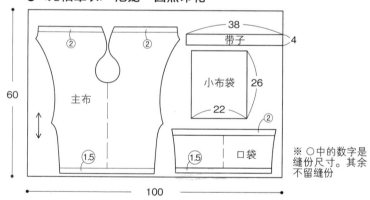

● <无袖罩衣> 尼龙·圆点印花

※ ○中的数字是
缝份尺寸。其余
不留缝份

【带袖罩衣的做法】

1.做口袋，裁好前摆和后摆

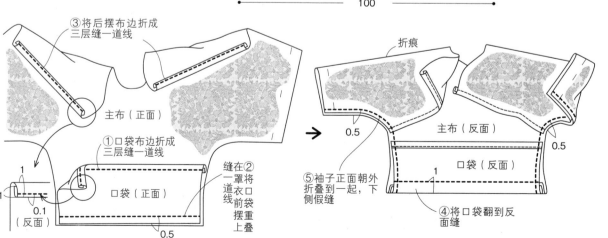

72

2.缝好侧边和领口处的滚边

※ 滚边的方法参考 P33

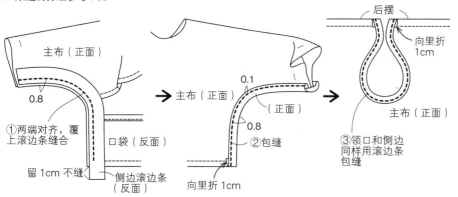

①两端对齐，覆上滚边条缝合
0.8
留 1cm 不缝
侧边滚边条（反面）
口袋（反面）
主布（正面）
向里折 1cm
0.1
0.8
②包缝
（正面）
主布（正面）

后摆
向里折 1cm
③领口和侧边同样用滚边条包缝
主布（正面）

3.缝袖口

1.5 0.1
1
（反面）
（正面）
缝①一袖口处折成三层，的②松紧带穿入长 15cm，打结
※ 滚边条向后倒去
留 1.5cm 缺口不缝（松紧带穿入口）

4.缀上魔术粘

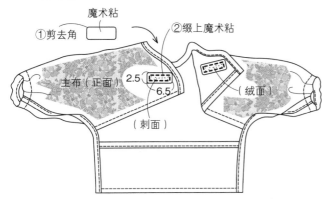

魔术粘
①剪去角
②缀上魔术粘
主布（正面）
2.5
6.5
（刺面）
（绒面）

前片

【无袖罩衣的做法】

※做法和带袖罩衣相同

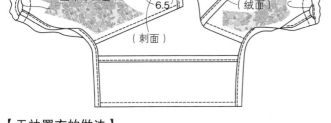

1.做口袋，裁好前片和后片

3.缝好袖口和领口处的滚边

2.假缝
0.5
主布（正面）
0.5
口袋（正面）

主布（反面）
口袋（反面）

5.缀上魔术粘

无袖罩衣的滚边条在袖口处向里折 1cm

4.缝好侧边的滚边

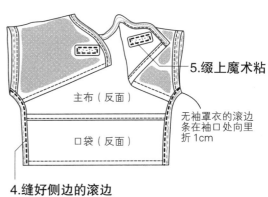

【小布袋的做法】

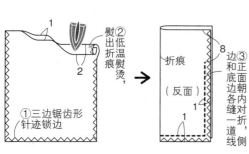

1
熨②出低折温痕熨烫，
2
①三边锯齿形针迹锁边

折痕
（反面）
8
边③和正面底边朝各缝一道线侧

④缝份展开，缝上第③步空出的部分
0.5
回针缝
（反面）

⑤折成三层，缝合
2
0.1
（反面）

⑥翻到正面
（正面）

带子（正面）
1
0.5
⑦折成四层，缝合

⑧穿上带子，打结

小象握握

实物图见P6

实物大小的纸样 B面【16】
<1-主布、2-耳朵、3-脚、4-鼻子>

成品尺寸
约10cm×13cm

材料
针织有机棉布·素色 15cm×15cm
针织有机棉布·带滚边 20cm×15cm
平纹格子布 6cm×6cm
宽0.3cm的波纹布 12cm
宽0.4cm的带子 10cm
防水按铃（小）1个
适量的棉花
茶色·25号绣线 2根
※因为尺寸很小，手缝比机缝更简单
※绣线的绣法参照P41

【裁剪方法图】

● 针织有机棉布·素色

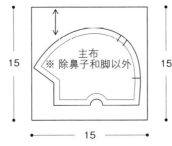

主布
※除鼻子和脚以外

15

15

● 针织有机棉布·带滚边

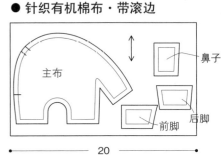

主布

鼻子

后脚

前脚

15

20

※ 缝份留0.5cm

● 平纹格子布

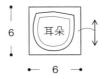

耳朵

6

6

【做法】
1.将鼻子和脚缝在主布上

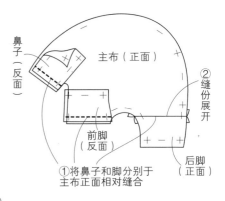

鼻子（反面）
主布（正面）
②缝份展开
前脚（反面）
后脚（正面）
①将鼻子和脚分别于主布正面相对缝合

2.缝上耳朵和尾巴，在脸部刺绣

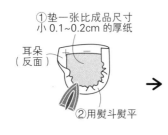

①垫一张比成品尺寸小0.1~0.2cm的厚纸
耳朵（反面）
②用熨斗熨平

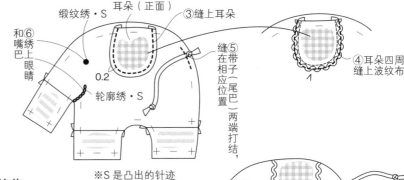

缎纹绣·S
耳朵（正面）
③缝上耳朵
和⑥嘴绣巴上眼睛
0.2
轮廓绣·S
缝⑤在带子相应位置（尾巴）两端打结
④耳朵四周缝上波纹布

※S是凸出的针迹

3.将主布缝合，在里面填充按铃和棉花

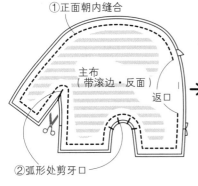

①正面朝内缝合
主布（带滚边·反面）
返口
②弧形处剪牙口

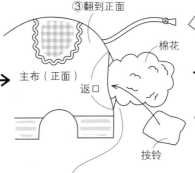

③翻到正面
棉花
主布（正面）
返口
按铃
④从返口处放入按铃和棉花
※鼻子和脚预先填入棉花，按铃放在主布的正中位置

前面
返⑤缝口处缝份向里折
后面

宝宝腕垫

实物图见P6

实物大小的纸样 A面【8】
<1-头、2-脸、3-背面、4-耳朵>

成品尺寸
2cm×15.5cm（腕带尺寸）

材料
针织有机棉布·素色（小熊和熊猫通用） 35cm×10cm
棉麻混纺利伯蒂印花布（小熊用） 20cm×10cm
床单布·圆点印花（熊猫用） 20cm×5cm
可水洗毛毡（熊猫用） 7cm×7cm
宽1.5cm的魔术粘 3cm
直径2.5cm的塑料小铃铛（填充用） 1个
适量的棉花
茶色·25号绣线 2根
※因为尺寸很小，手缝比机缝更简单
※绣线的绣法参照P41

【裁剪方法图】

※ ○中的数字是缝份尺寸。其余缝份留0.5cm

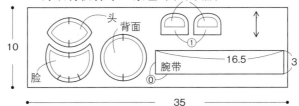

● 针织有机棉布·素色

● 利伯蒂印花布

● 可水洗毛毡
※ 熊猫用
耳朵上边和眼睛不留缝份

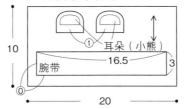

【做法】

1.缝头部（前面）

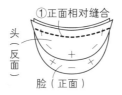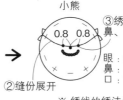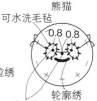

小熊
③绣出眼、鼻、口
眼：缎纹绣
鼻：法国结粒绣
口：轮廓绣
※绣线的绣法参照P41

熊猫
可水洗毛毡
轮廓绣
法国结粒绣

2.缝耳朵

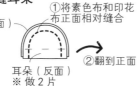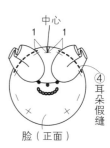

①将素色布和印花布正面相对缝合
②翻到正面
※做2片

※熊猫的耳朵不需①②两步骤，按照步骤③折出褶缝上即可

3.将头部正面和背面缝合，放入棉花和铃铛

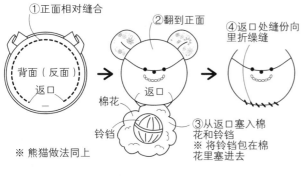

①正面相对缝合
②翻到正面
④返口处缝份向里折缲缝
③从返口塞入棉花和铃铛
※将铃铛包在棉花里塞进去
棉花
铃铛
※熊猫做法同上

④角剪平
⑥缝上魔术粘刺面
⑤背面缝上魔术粘绒面

4.缝腕带，将魔术粘缝在头部

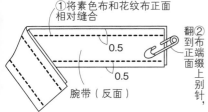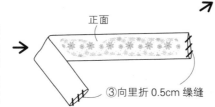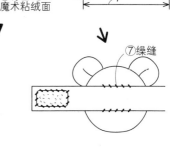

①将素色布和花纹布正面相对缝合
②翻到布正面端缀上别针
腕带（反面）
正面
③向里折0.5cm缲缝
⑦缲缝

发卡和发带

实物图见P28

材料

<小花发卡>
宽3cm的皱面花边　12cm
宽2cm的折褶花边　8cm
直径1.2cm的珍珠纽扣　1颗
毛毡　2cm×2cm
长4cm的发卡部件　1个

<包扣发卡>
花布　4.5cm×4.5cm
宽2cm的棉制粗线花边　5cm
市售缎带　1条
毛毡　2cm×2cm
长4cm的发卡部件　1个

<小花发带>
直径4.5cm的假花　1个
圆形毛毡　1.5cm　1个
宽1cm的正反两用的缎带　40cm

<缎带发带>
波点布　8cm×6cm
方格平纹布　8cm×6cm

<发带通用>
宽1.8cm的有弹性的棉制粗线花边　40cm
※尺寸请根据头围进行调整

【做法】

<小花发卡>

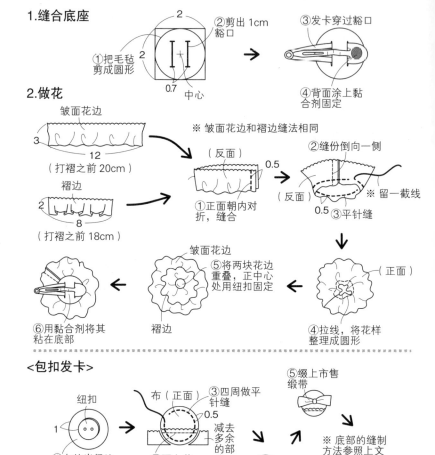

1.缝合底座

①把毛毡剪成圆形
②剪出1cm豁口
2　2　0.7　中心
③发卡穿过豁口
④背面涂上黏合剂固定

2.做花

皱面花边
3
12
（打褶之前20cm）

褶边
2
8
（打褶之前18cm）

※皱面花边和褶边缝法相同

①正面朝内对折，缝合
（反面）

②缝份倒向一侧
（反面）
0.5
③平针缝
0.5
※留一截线

④拉线，将花样整理成圆形
（正面）

⑤将两块花边重叠，正中心处用纽扣固定
皱面花边
褶边

⑥用黏合剂将其粘在底部

<包扣发卡>

纽扣
1
①布的半径比纽扣宽1cm

布（正面）
③四周做平针缝
0.5
②覆上花边，缝合

减去多余的部分

④放上纽扣，引线

⑤缀上市售缎带

※底部的缝制方法参照上文

⑥用黏合剂将底部和包扣固定在一起

<小花发带>
1.缝底部

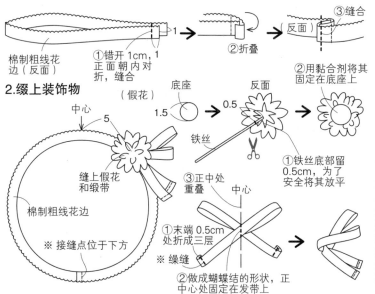

棉制粗线花边（反面）
①错开1cm，1正面朝内对折，缝合
②折叠
③缝合（反面）
1

2.缀上装饰物

中心
5
缝上假花和缎带
棉制粗线花边
※接缝点位于下方

底座
1.5
（假花）
0.5
②用黏合剂将其固定在底座上
铁丝
①铁丝底部留0.5cm，为了安全将其放平
反面

③正中处重叠
中心
①末端0.5cm处折成三层
※缲缝
②做成蝴蝶结的形状，正中心处固定在发带上

<缎带发带>

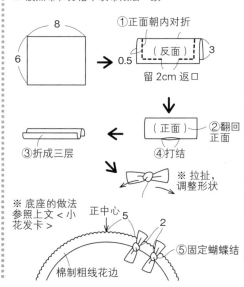

※波点布和方格平纹布做法一致

8
6
①正面朝内对折
（反面）
3
0.5
留2cm返口

②翻回正面
（正面）

③折成三层
④打结

※拉扯，调整形状

※底座的做法参照上文<小花发卡>

正中心
5
2
⑤固定蝴蝶结
棉制粗线花边

76

多功能带子

实物图见P29

材料

<1.粉色波点>
波点绒面棉布 36.5cm×4cm
宽1.8cm的棉制粗布花边 22cm

<2.橙色缎带>
宽1.5cm的波点缎带 30cm
市售的蝴蝶结 2个

<3.蜗牛>
宽1cm的缎带 36.5cm
嵌花带7.5cm×3.5cm 1条

<4.纽扣>
宽1cm的条纹带 43cm
双孔制动塞 1个
直径2.5cm的毛毡扣 2个

<5.帆船>
宽1.5cm的蒂罗尔绣带 24cm
宽1.5cm的格子缎带 36.5cm

<通用部件>
夹子 1个（5.帆船 3.蜗牛 1.粉色波点） 2个
（4.纽扣 2.橙色缎带）
宽0.8cm的按扣 1对（5.帆船 3.蜗牛 1.粉色
波点）

<4.纽扣>

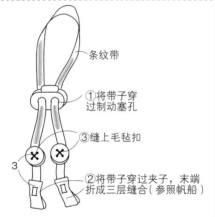

条纹带
①将带子穿过制动塞孔
③缝上毛毡扣
②将带子穿过夹子，末端
折成三层缝合（参照帆船）
3

<2.橙色缎带>

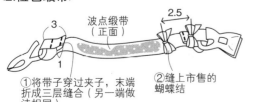

波点缎带
（正面）
3
2.5
①将带子穿过夹子，末端
折成三层缝合（另一端做
法相同）
1
②缝上市售的
蝴蝶结

【做法】

<5.帆船>

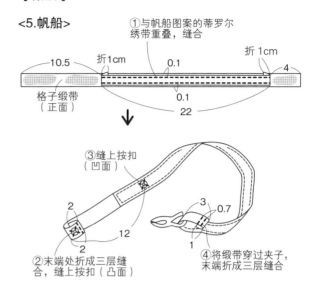

①与帆船图案的蒂罗尔
绣带重叠，缝合
10.5　折1cm　0.1　折1cm　4
格子缎带
（正面）
0.1
22
③缝上按扣
（凹面）
2
12
2
②末端处折成三层缝
合，缝上按扣（凸面）
3　0.7
1
④将缎带穿过夹子，
末端折成三层缝合

<3.蜗牛>

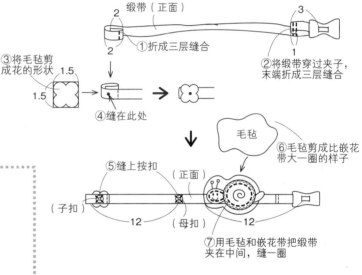

缎带（正面）
2
2
①折成三层缝合
3
②将缎带穿过夹子，
末端折成三层缝合
③将毛毡剪
成花的形状
1.5
1.5
④缝在此处
毛毡
⑥毛毡剪成比嵌花
带大一圈的样子
⑤缝上按扣
（子扣）　（正面）
12　（母扣）　12
⑦用毛毡和嵌花带把缎带
夹在中间，缝一圈

<1.粉色波点>

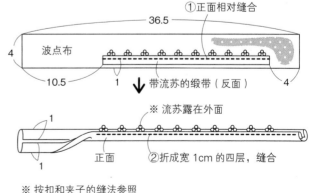

①正面相对缝合
36.5
4　波点布
10.5　1　带流苏的缎带（反面）　4
※流苏露在外面
1
1
正面　②折成宽1cm的四层，缝合
※按扣和夹子的缝法参照
（5.帆船）①～④步

77

方巾

实物图见P8

成品尺寸
25cm×25cm（方巾的大小）

材料
25cm×25cm的方巾 1块
（缎带标牌）
宽1cm的粉色波点缎带 8cmcm 3条
宽1cm的蓝色缎带 8cmcm 4条
（布标牌）
绿色格子布 18cm×5cm
白底粉点布 18cm×5cm
粉色花布 18cm×5cm
蓝色格子布 24cm×5cm
（滚边条）
紫色格子布 4.5cm×23cm 2条
4.5cm×27cm 2条

【做法】

1.做布标牌

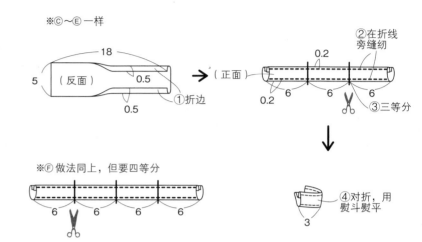

2.给方巾缝上标牌

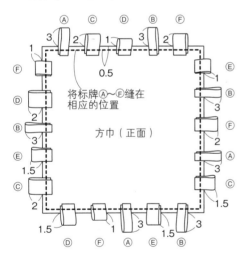

将标牌Ⓐ～Ⓕ缝在
相应的位置

方巾（正面）

Ⓐ粉色波点缎带　　Ⓓ白底粉点布
Ⓑ蓝色缎带　　　　Ⓔ粉色花布
Ⓒ绿色格子布　　　Ⓕ紫色格子布

3.滚边

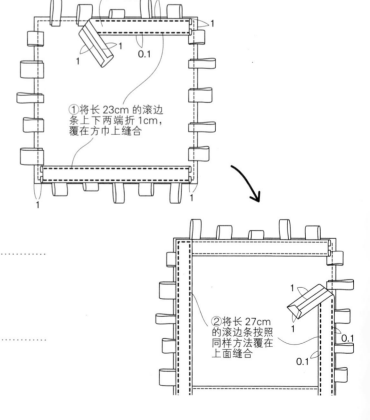

①将长23cm的滚边
条上下两端折1cm，
覆在方巾上缝合

②将长27cm
的滚边条按照
同样方法覆在
上面缝合

印花围嘴

实物图见P11

成品尺寸 颈围 28~32cm

材料

<男式>
美国棉布 30cm×30cm
宽1.5cm的罗纹缎带 3.5cm
宽2.5cm的宝宝用魔术粘（剪成
1.5cm宽） 4cm

<女式>
平纹格子布 30cm×30cm
绒球滚边条（绒球直径0.5cm）
60cm
樱桃迷你嵌花布 1块
宽2.5cm的宝宝用魔术粘（剪成
1.5cm宽） 4cm

【做法】

30   2.5

2.5

30   30

（正面）

①剪角

2.5

2.5

魔术粘的角剪成圆弧状

③缝份用熨斗熨平

※角处折叠
平整

②正面朝内对折缝合

折痕

1

留8cm返口

5

<男式>

④翻到正面理平
⑥魔术粘缲缝

0.2   1   0.5   2

2   0.5   1.5   魔术粘（刺面）

2   （正面）

1.5   2

4   返口   3.5

魔术粘（绒面）

0.7   1.5

对折

⑤将罗纹缎带夹
在主布里缝一圈

<女式>

※ ①～④两款相同

⑤覆上绒球镶边，
缝合

2   ⑥缝合上迷
你嵌花布

6

短上衣与合指手套的裁剪方法图

<针织短上衣>

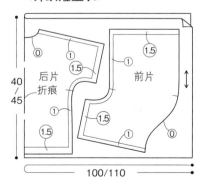

0   1   1.5

1.5

后片   前片
折痕

1

40/45

1   1.5

1.5   1

100/110

<棉纱短上衣>

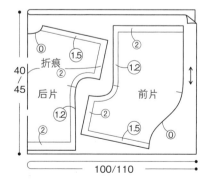

0   2

1.5

2

后片   前片
折痕

2   1.2

2

40/45

1.2   2

2

1.5

100/110

● 床单布
※ 棉纱和针织质地的通用

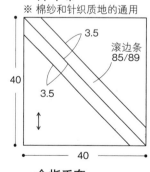

3.5

滚边条
85/89

40

3.5

40

<合指手套>

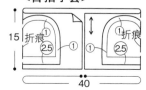

15   折痕   1   折痕
2.5   1   1   2.5

40

※ ○中的数字是缝份尺寸
※ 滚边条不留缝份，其长短参考 P33
※ 图中数字从上至下、从左至右分别为 S、M 两种尺码

AKACHAN NO MAINICHI KOMONO (NV70084)
Copyright ©KEIKO OKADA 2011©NIHON VOGUE–SHA 2011 ALL rights reserved.
Photographers: AYAKO HACHISU, NORIAKI MORIYA
Original Japanese edition published in Japan by NIHON VOGUE CO., LTD.,
Simplified Chinese translation rights arranged with BEIJING BAOKU INTERNATIONAL
CULTURAL DEVELOPMENT Co., Ltd.

版权所有，翻印必究
著作权合同登记号：图字16—2012—048

图书在版编目(CIP)数据

巧手妈妈爱缝纫：0～2岁超可爱宝贝服／（日）冈田桂子著；于水秀
译.— 郑州：河南科学技术出版社，2013.4
ISBN 978-7-5349-6007-9

Ⅰ.①巧… Ⅱ.①冈… ②于… Ⅲ.①童服－服装裁缝 Ⅳ.①TS941.716.1

中国版本图书馆CIP数据核字（2012）第221688号

出版发行：河南科学技术出版社
　　　　　地址：郑州市经五路66号　　邮编：450002
　　　　　电话：（0371）65737028　65788613
　　　　　网址：www.hnstp.cn
策划编辑：刘　欣
责任编辑：杨　莉
责任校对：李淑华
封面设计：张　伟
责任印制：张艳芳
印　　刷：北京盛通印刷股份有限公司
经　　销：全国新华书店
幅面尺寸：190 mm×260 mm　　印张：5　　字数：110千字
版　　次：2013年4月第1版　　2013年4月第1次印刷
定　　价：39.80元

如发现印、装质量问题，影响阅读，请与出版社联系调换。